本著作受国家自然科学基金项目（41301034）、黑龙江省普通本科高等学校青年创新人才培养计划资助项目（UNPYSCT-2015099）、黑龙江省教育厅科学技术研究面上项目（12531703）资助。

环境污染防治的监测技术研究

张淑兰　张海军◎著

中国纺织出版社

图书在版编目(CIP)数据

环境污染防治的监测技术研究 / 张淑兰,张海军著.
-- 北京 : 中国纺织出版社,2018.1 (2022.1重印)
 ISBN 978-7-5180-3926-5

Ⅰ.①环… Ⅱ.①张… ②张… Ⅲ.①污染防治－污
染测定－研究 Ⅳ.①X502

中国版本图书馆 CIP 数据核字(2017)第 206296 号

责任编辑:姚 君   责任印制:储志伟

中国纺织出版社出版发行
地址:北京市朝阳区百子湾东里 A407 号楼 邮政编码:100124
销售电话:010－67004422 传真:010－87155801
http://www.c-textilep.com
E-mail:faxing@e-textilep.com
中国纺织出版社天猫旗舰店
官方微博 http://www.weibo.com/2119887771
北京市金木堂数码科技有限公司印刷   各地新华书店经销
2018 年 1 月第 1 版   2022 年 1 月第 10 次印刷
开本:710×1000 1/16 印张:14
字数:248 千字 定价:59.50 元

凡购本书,如有缺页、倒页、脱页,由本社图书营销中心调换

前　言

众所周知,人类赖以生存的环境随着现代化工业、农业和交通运输业的飞速发展,水资源和矿产资源的不合理开发利用,以及大型工程的兴建,跨大流域的调水等,使其自我调节能力被超过,生态平衡遭到破坏;生成的工业"三废"在环境中积累,土壤被化肥、农药及污水灌溉所污染;水资源特别是淡水资源枯竭;地面沉降,山体崩滑等现象发生,这些都影响了动植物的生长和繁殖,直接或间接地影响着人类的生活质量和健康。为了预防环境污染,治理已经被污染的环境,就必须探求环境质量恶化的根源和演化规律,就必须经过长时间、各方面的工作配合,寻找导致环境质量恶化的主要指标进行连续的、自动的监测。

深刻的历史教训和严峻的现实告诫我们,绝不能以牺牲后代的利益来求得经济一时的快速发展。作为我国环境污染重要来源的工业企业,理应十分重视环境保护工作,积极实施可持续发展战略,追求经济与环境的协调发展;严格遵守国家的环保法规、政策、标准,积极推行清洁生产,恪守保护环境的社会承诺;以科学发展观为指导,以实现环保稳定达标和污染物持续减排为目标,继续加大污染整治力度,全面推行清洁生产,大力发展循环经济,努力创建资源节约型、环境友好型企业。

环境监测是环境保护工作的基础,是执行环境保护法规的依据,是污染治理、环境科研、设计规划、环境管理不可缺少的重要手段,也是环境质量评价以及企业全面质量管理的组成部分。通过对环境中各要素及污染物的监测,掌握和评价环境质量状况及发展趋势,对污染物排放单位进行监督管理,为政府部门执行各项环境法规、标准,全面开展环境管理工作提供准确、可靠的监测数据和资料。

全书共 8 章,主要内容包括引言,水体污染监测技术,空气污染监测技术,土壤污染监测技术,固体废物污染监测技术,生物污染监测技术,物理性污染监测技术,环境污染防治的监测新技术。

由于时间仓促,作者水平有限,本书难免存在错误、疏漏之处,恳请广大读者批评指正,不吝赐教。

编 者

2017 年 5 月

目 录

第1章 引 言

环境监测是环境保护的基础工作,通过运用现代科学技术方法,定量地测取环境污染因子及其他有害于人体健康的环境变化,分析其环境影响过程与程度,以达到改善人与自然的关系,合理开发利用自然资源,保护和改善人类赖以生存的环境质量的目的。

1.1 环境监测的概念与目的

1.1.1 环境监测的概念

环境监测是利用物理的、化学的和生物的方法,对影响环境质量的因素中有代表性的因子(包括化学污染因子、物理污染因子和生物污染因子)进行长时间的监视和测定,它可以弥补单纯用化学手段进行环境分析的不足。其工作流程如图 1-1 所示。

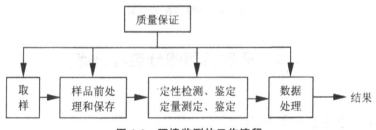

图 1-1 环境监测的工作流程

环境监测包括对污染物分析测试的化学监测,也包括各种物理因素如热、噪声、振动、辐射和放射性等的物理监测,还包括生物如病菌或霉菌等的生物监测和对区域群落、种落等的生态监测。

环境监测的发展大体可分为三个阶段:①依靠化学手段,以分析环境中有害化学毒物为主要任务的被动监测阶段;②以化学、物理和生物等综合手段进行区域性监测的主动监测阶段；③用遥感、遥测等手段和自动连续监测系统对污染因子进行自动、连续监测，其至预测环境质量的自动监测阶段。

1.1.2　环境监测的目的

环境监测的基本目的是全面、及时、准确地掌握人类活动对环境影响的水平、效应及趋势。具体如图 1-2 所示。

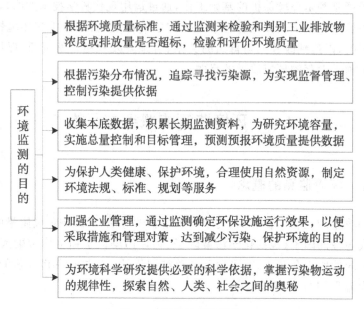

图 1-2　环境监测的目的

1.2　环境监测的分类与特点

1.2.1　环境监测的特点

1. 环境监测的综合性

环境监测主体包括对水体、土壤、固体废物、生物体中污染指标的监测，其中污染物种类繁多、成分复杂；监测分析则涉及化学、物理、生物、水文气象和地学等多种手段。而实施环境监测得到的数据，不只是一个个简单的孤立数据，其中还包含着大量可探究、可追踪的信息。通过数据的科学处理和综合分析，可以掌握污染物的变化规律以及多种污染物之间的相互影响。

因此,环境监测的综合性就体现在监测方法、监测对象以及监测数据等综合性方面,判断环境质量仅对目标污染物进行某一地点、某一时间的分析测试是不够的,必须对相关污染因素、环境要素在一定范围、时间和空间内进行多元素、全方位的测定,综合分析数据信息的"源"与"汇",这样才能对环境质量做出确切、可靠的评价。

2. 环境监测的持续性

环境监测数据具有空间和时间的可比性和历史积累价值,只有在具有代表性的监测点位上持续监测才有可能揭示环境污染的发展趋势和发展轨迹。因此,在环境监测方案的制定、实施和管理过程中应尽可能实施持续监测,并逐步布设监测网络,形成空间合理分布,提高标准化、自动化水平,积累监测数据构建数据信息库。

3. 环境监测的追踪性

环境监测数据是实施环境监管的依据,环境监测实施全过程如图 1-3 所示。为保证监测数据的有效性,必须严格规范地制定监测方案,准确无误地实施,并全面科学地进行数据综合分析,即对环境监测全过程实施质量控制和质量保证,构建完整的环境监测质量保证体系。

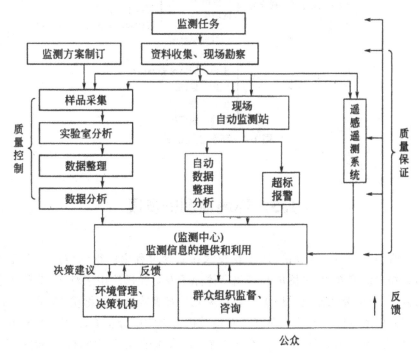

图 1-3 环境监测实施全过程

4. 执法性

环境监测不同于一般检验测试,它除了需要及时、准确提供监测数据外,还要根据监测结果和综合分析结论,为主管部门提供决策建议,并按照授权对监测对象执行法规情况进行执法性监督控制。

1.2.2　环境监测的分类

环境监测方法,多种多样,分类的依据不同,分类的方法也就不同,可按监测的目的、介质、区域分类,具体如图 1-4 所示。

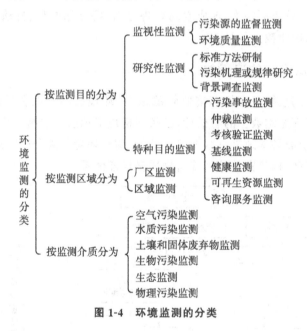

图 1-4　环境监测的分类

1.3　环境监测的发展

监测技术的发展较快,许多新技术在监测过程中已得到应用。在无机污染物的监测方面,电感耦合等离子体原子发射光谱法用于对 20 多种元素的分析;原子荧光光谱法用于一切对荧光具有吸收能力的物质;离子色谱技术的应用范围也扩大了。在有毒有害有机污染物的分析方面,GC-MS 用于 VOCs 和 S-VOCs 及氯酚类、有机氯农药、有机磷农药、PAHs、二噁英类、

PCBs 和 POPs 的分析；HPLC 用于 PAHs、苯胺类、酞酸酯类、酚类等的分析；IC 法用于可吸附有机卤化物（AOX）、总有机卤化物（TOX）的分析；化学发光分析对超痕量物质分析也已应用到环境监测中。利用遥测技术对一个地区、整条河流的污染分布情况进行监测，是以往监测方法很难完成的。

对于区域甚至全球范围的监测和管理，其监测网络及点位的研究，监测分析方法的标准化，连续自动监测系统、数据传送和处理的计算机化的研究应用也发展很快。连续自动监测系统（包括在线监测）的质量控制与质量保证工作也逐步完善。

在发展大型、连续自动监测系统的同时，研究小型便携式、简易快速的监测技术也十分重要。例如，在突发性环境污染事故的现场，瞬时造成很大的危害，但由于空气扩散和水体流动，污染物浓度的变化十分迅速，这时大型固定仪器由于采样、分析时间较长，无法适应现场急需，而便携式和快速测定技术就显得十分重要，在野外也同样如此。

第2章　水体污染监测技术

　　水是生命之本,但全球水环境形势严峻:"淡水资源匮乏、水源污染严重"。据世界卫生组织调查,80%的人类疾病与水源污染有关。在发展中国家,每年因缺乏清洁的饮用水造成死亡的人数为1240万人。因此环境保护、饮用水安全已是公众高度重视的问题。监测是保护的基础,水源监测范围大、内容广泛,包括地表水、地下水、饮水、海水及各类污水等,监测项目繁多,化学的、物理的、生物的指标中除常规监测反映水源状况的指标外,有毒污染物项目就有百余种。目前已有400多种监测分析方法。

2.1　概　　述

2.1.1　水和水污染

1. 水的存在

　　水是生命之源,广泛存在于江河湖海等地表水、地下水、大气水分及冰川与冰盖,由此构成地球的水圈,并成为人类及一切生物生存的物质基础。据测算,地球总水量约为13.9亿立方千米。其中海水97.3%,而可以直接使用的淡水仅占2.7%。而这仅有的淡水中,冰川、冰盖又占77.2%,使便于人类利用的水资源少之又少。地球水的分布及分配比见表2-1。

表2-1　地球水的分布及分配比

水类型	水分布	地球水的分配及分配比		
		水量/km³	占总储水量/%	占总淡水量/%
淡水	淡水湖	125000	0.009	0.35
	盐湖及内陆海	104000	0.008	
	河流	1250	0.0001	0.01
	土壤湿气	67000	0.005	22.4

续表

水类型	水分布	地球水的分配及分配比		
		水量/km³	占总储水量/%	占总淡水量/%
淡水	4000m 深的地下水	8350000	0.61	
	冰盖与冰川	29200000	2.14	77.2
	大气水	13000	0.001	0.14
海水	海洋	1320000000	97.3	—
总计		1390000000	100	100

由于水吸收太阳能而蒸发为云,再通过雨雪降水形成溪流江河,最后回归海洋形成自然大循环;由于人类的生活、生产用水产生了含有杂质的废水,经过人工处理或自然降解净化又返回天然水而形成水的社会小循环。水资源通过社会小循环和自然大循环处于时时更新的动态平衡中。

2. 水体污染

从自然地理的角度来解释,水体是指地表被水覆盖区域的自然综合体。因此,水体不仅包括水,而且也包括水中的悬浮物、溶解性物质、底泥和水生生物等,它是一个完整的自然生态系统。当人类将生活和生产中产生的废水未经处理直接排放到自然界时,由于废水中污染物超过了水体的自然降解能力而造成水体的品质和功能下降或恶化,称为水体污染。当污染物进入水体时,首先由于水的混合产生的物理稀释作用,使污染物浓度降低然后发生一系列复杂的化学反应和生物反应,使污染物发生转化、降解,从而使其水质得以恢复的这一过程,称为水体净化。

水体污染按其污染性质分为化学型污染、物理型污染和生物型污染三种。化学型污染是指废水中含有有毒有害的化学性污染物如有机、无机污染物等;物理型污染是造成水体物理性能恶化的污染,如固体悬浮物、热污染、放射性污染等;生物型污染是含有各种病原微生物的生活污水、医院废水等危害人体健康的污染。

3. 水污染调查

对工业污染源,应了解本地区工业的总布局及排放大量水的主要企业的生产情况和废水排放情况。

对于农业污染,应了解畜牧业的分布和生产情况,了解水体周围农田使用农药、肥料、灌溉水的情况,以及水土流失的情况等。

对于生活污染源,应了解水体沿岸城镇分布、人口密度、未经处理的生活污水和城市地表径流污水等情况。此外,需调查水体的水文、气候、地质地貌、植被等情况,还需要了解水体的生物和沉积特征。有些基础资料,如工业分布、水文、气候、历年水质等可从相关部门获得,有些情况必须进行实地调查和现场踏勘才能摸清。

2.1.2　水体监测方法

同一监测项目可以用多种方法和仪器分析检测,但为了保证监测方法的灵敏度、准确度和监测结果的可靠性和等效性,必须统一监测分析方法。水质监测分析方法分为以下三个层次。

(1)国家标准分析方法

国家标准分析方法是由国家编制的包括采样在内的、经典的、准确度较高的标准分析方法。是环境监测必须采用的方法,也用于纠纷仲裁以及评价其他监测方法的基准方法。

(2)统一分析方法

统一分析方法已被广泛使用、基本成熟的分析方法,但尚需进一步检验和规范,也称标准分析方法。

按照监测方法的原理,水体监测常用的方法有化学分析法如称量法、滴定分析法,仪器分析法如分光光度法、原子吸收分光光度法、气相色谱法、液相色谱法、离子色谱法、多机联用技术等。

2.1.3　水体监测项目

水体监测的目的主要是掌握环境质量的现状及发展趋势,包括监测水污染源排放污染物的种类、强度和排放量,污染事故的调查等。

水体监测项目采用优先监测重点项目的原则,将毒性大、危害广、污染重的污染物作为优先重点监测项目。

1. 工业废水监测项目(见表 2-2)

表 2-2　工业废水监测项目

类别	监测项目
黑色金属矿山(包括磁铁、赤铁矿、锰矿等)	pH、悬浮物、硫化物、铜、铅、锌、镉、汞、六价铬等

续表

类别		监测项目
黑色冶金（包括选矿、烧结、炼焦、炼铁、炼钢等）		pH、悬浮物、COD、硫化物、氟化物、挥发酚、氰化物、石油类、铜、铅、锌、砷、镉、汞等
选矿药剂		COD、BOD、悬浮物、硫化物、挥发酚等
有色金属矿山及冶炼（包括选矿、烧结、冶炼、电解、精炼等）		pH、悬浮物、COD、硫化物、氟化物、挥发酚、铜、铅、锌、砷、镉、汞、六价铬等
火力发电、热电		pH、悬浮物、硫化物、砷、铅、镉、挥发酚、石油类、水温等
煤矿（包括洗煤）		pH、悬浮物、砷、硫化物等
焦化		COD、BOD、悬浮物、硫化物、挥发酚、石油类、氰化物、氨氮、苯类、多环芳烃、水温等
石油开发		pH、COD、BOD、悬浮物、硫化物、挥发酚、石油类等
石油炼制		pH、COD、BOD、悬浮物、硫化物、挥发酚、氰化物、石油类、苯类、多环芳烃等
化学矿开采	硫铁矿	pH、悬浮物、硫化物、砷、铜、铅、锌、镉、汞、六价铬等
	雄黄矿	pH、悬浮物、硫化物、砷等
	磷矿	pH、悬浮物、氟化物、硫化物、砷、铅、磷等
	萤石矿	pH、悬浮物、氟化物等
	汞矿	pH、悬浮物、硫化物、砷、汞等
无机原料	硫酸	pH（或酸度）、悬浮物、硫化物、氟化物、铜、铅、锌、镉、砷等
	氯碱	pH（或酸、碱度）、COD、悬浮物、汞等
	铬盐	pH（或酸度）、总铬、六价铬等
有机原料		pH（或酸、碱度）、COD、BOD、悬浮物、挥发酚、氰化物、苯类、硝基苯类、有机氯等
化肥	磷肥	pH（或酸度）、COD、悬浮物、氟化物、砷、磷等
	氮肥	COD、BOD、挥发酚、氰化物、硫化物、砷等
橡胶	合成橡胶	pH（或酸、碱度）、COD、BOD、百油类、铜、锌、六价铬、多环芳烃等
	橡胶加工	COD、BOD、硫化物、六价铬、石油类、苯、多环芳烃等
塑料		COD、BOD、硫化物、氰化物、铬、砷、汞、石油类、有机氯、苯类、多环芳烃等

续表

类别	监测项目
化纤	pH、COD、BOD、悬浮物、铜、锌、石油类等
农药	pH、COD、BOD、悬浮物、硫化物、挥发酚、砷、有机氯、有机磷等
制药	pH(或酸、碱度)、COD、BOD、石油类、硝基苯类、硝基酚类、苯胺类等
染料	pH(或酸、碱度)、COD、BOD、悬浮物、挥发酚、硫化物、苯胺类、硝基苯类等
颜料	pH、COD、悬浮物、硫化物、汞、六价铬、铅、镉、砷、锌、石油类等
油漆	COD、BOD、挥发酚、石油类、氰化物、镉、铅、六价铬、苯类、硝基苯类等
其他有机化工	pH(或酸、碱度)、COD、BOD、挥发酚、石油类、氰化物、硝基苯类等
合成脂肪酸	pH、COD、BOD、油、锰、悬浮物等
合成洗涤剂	COD、BOD、油、苯类、表面活性剂等
机械制造	COD、悬浮物、挥发酚、石油类、铅、氰化物等
电镀	pH(或酸度)、氰化物、六价铬、铜、锌、镍、镉、锡等
电子、仪器、仪表	pH(或酸度)、COD、苯类、氰化物、六价铬、汞、镉、铅等
水泥	pH、悬浮物等
玻璃、玻璃纤维	pH、悬浮物、COD、挥发酚、氰化物、砷、铅等
油毡	COD、石油类、挥发酚等
石棉制品	pH、悬浮物、石棉等
陶瓷制品	pH、COD、铅、镉等
人造板、木材加工	pH(或酸、碱度)、COD、BOD、悬浮物、挥发酚等
食品	pH、COD、BOD、悬浮物、挥发酚、氨氮等
纺织、印染	pH、COD、BOD、悬浮物、挥发酚、硫化物、苯胺类、色度、六价铬等
造纸	pH(或碱度)、COD、BOD、悬浮物、挥发酚、硫化物、铅、汞、木质素、色度等
皮革及皮革加工	pH、COD、BOD、悬浮物、硫化物、氯化物、总铬、六价铬、色度等

续表

类别	监测项目
电池	pH(或酸度)、铅、锌、汞、镉等
火工	铅、汞、硝基苯类、硫化物、锶、铜等
绝缘材料	COD、BOD、挥发酚等

2. 生活污水监测项目

生活污水监测项目包括 COD、BOD、悬浮物、氨氮、总氮、总磷、阴离子洗涤剂、细菌总数、大肠菌群等。

2.2　水质监测方案的制定

水质监测可为控制水污染、保护水资源提供依据。水质监测是环境监测的主要组成部分。为使水环境监测数据具有一定的代表性和可比性,必须统一水质采样布点和监测方法。

水质监测方案设计的思路是在明确监测目的和具体项目的基础上,首先收集水文、地质、气象及污染物的物理化学性质等原始资料,然后综合考虑监测站的人力、物力和技术设备等实际情况,确定采样断面、采样点、采样时间、采样方法等采样方案以及水样的运输、贮存、预处理及分析检测等分析监测方案,最后进行数据处理、综合和撰写监测报告。图 2-1 是设计和制定水质监测方案的一般考虑因素和程序。

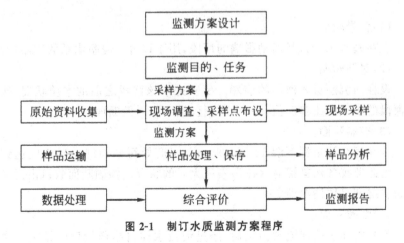

图 2-1　制订水质监测方案程序

按照水体性质不同采样布点方案分为地表水、地下水、水污染源三种方案。

2.2.1 地表水监测方案的制定

1. 河流监测断面与采样点的布设

对于江、河水系或某一河段,要监测某一污染源排放的污染物的分布状况,需在该河段划分若干采样断面,即背景断面、对照断面、控制断面和削减断面,每个断面再设置若干纵横采样点,从而获得具有代表性的、不同类型的水样,如图 2-2 所示。

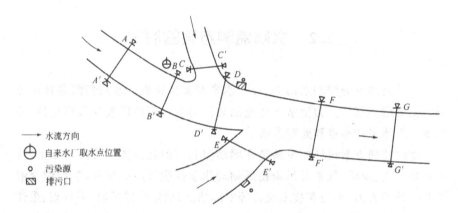

图 2-2 河水监测断面示意图
$A-A'$ 为背景断面;$G-G'$ 为净化断面;
$B-B'$、$C-C'$、$D-D'$、$E-E'$、$F-F'$ 为控制断面

(1)背景断面
设在基本未受人类活动影响的河段,用于评价一完整水系的原始状态。
(2)对照断面
设在河流刚进入河段的前端。反映进入该河段之前的水质状况,作为该河段的水质原始参照值。一个断面仅设一个对照断面。
(3)控制断面
设在每个污染源下游 $500\sim1000\text{m}$ 处(此处污染物混匀且浓度达到最大),由此监视各污染源对水体污染最大时的状况。控制断面数目由污染源分布状况和具体情况而定。
(4)削减断面
削减断面表明河流被污染后,经过河流水体自净作用后的结果。由于污染物经过河水稀释和生化自净作用而浓度显著下降,反映了河水进入自净阶段,水量小的河流应视具体情况而定。

江河水系的深度和宽度不同,每个监测断面还应根据水面的宽度不同布设若干横向(水平方向)采样点,根据水的深度不同布设若干纵向(垂直方向)采样点,如图 2-3 所示。

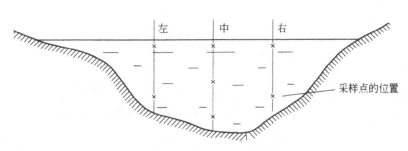

图 2-3　采样垂线和采样点的设置

2. 分析方法

按照分析方法所依据的原理,常用的方法有:

(1)用于测定无机污染物的方法

重量法、原子吸收法、分光光度法、等离子发射光谱法、电极法、离子色谱法、化学法和原子荧光法等。

(2)用于测定有机污染物的方法

化学法、分光光度法、气相色谱法、高效液相色谱法和气相色谱-质谱法等。

各种方法测定的项目列入表 2-3 中。

表 2-3　常用水质监测方法测定项目

方法	测定项目
重量法	SS、可滤残渣、矿化度、油类、SO_4^{2-}、Cl^-、Ca^{2+} 等
容量法	酸度、碱度、CO_2、DO、总硬度、Ca^{2+}、Mg^{2+}、氨氮、Cl^-、F^-、CN^-、SO_4^{2-}、S^{2-}、COD、BOD_5、挥发酚等
分光光度法	Ag、Al、As、Be、Bi、Ba、Cd、Co、Cr、Cu、Hg、Mn、Ni、Pb、Sb、Se、Th、U、Zn、氨氮、NO_2^-、NO_3^-、凯氏氮、PO_4^{3-}、F^-、Cl^-、C、S^{2-}、SO_4^{2-}、BO_3^{2-}、SiO_3^{2-}、Cl_2、挥发酚、甲醛、三氯乙醛、苯胺类、硝基苯类、阴离子洗涤剂等
荧光分光光度法	Se、Be、U、油、BaP 等

方法	测定项目
原子吸收法	Ag、Al、Ba、Be、Bi、Ca、Cd、Co、Cr、Cu、Fe、Hg、K、Na、Mg、Mn、Ni、Pb、Sb、Se、Sn、Te、Tl、Zn 等
氢化物及冷原子吸收法	As、Sb、Bi、Ge、Sn、Pb、Se、Te、Hg
原子荧光法	As、Sb、Bi、Se、Hg
火焰光度法	Li、Na、K、Sr、Ba 等
电极法	Rh、pH、F^-、Cl^-、CN^-、S^{2-}、NO_3^-、K^+、Na^+、NH_4^+ 等
离子色谱法	F^-、Cl^-、Br^-、NO_2^-、NO_3^-、SO_3^{2-}、SO_4^{2-}、$H_2PO_4^-$、K^+、Na^+、NH_4^+ 等
气相色谱	Be、Se、苯系物、挥发性卤代烃、氯苯类、六六六、DDT、有机磷农药类、三氯乙醛、PCB 等
高效液相色谱法	多环芳烃类、酚类、苯胺类、邻苯二甲酸酯类、阿特拉津等
ICP-AES	用于水中金属元素、污染重金属以及底质中多种元素的同时测定
气相色谱-质谱法	挥发与半挥发性有机物、苯系物、有机氯农药、多环芳烃及多氯联苯等

2.2.2　地下水监测方案的制定

储存于土壤、岩层、地下河、井水等一切地表下的水,称为地下水。地下水相对于地表水较稳定,受污染和波动变化较小。但由于人类的活动范围扩大,导致地下水污染由点到面,日益扩大和加剧。地下水污染大多是农药、化肥、工业废渣、废水向地下水的渗透、迁移和扩散所致,因此,地下水监测要考虑以下几点来确定方案。

①污染源、污染物等监测目标的确立。

②地下水的水文、地质资料的收集和社会调查。

③取样监测井的设置。在未受或较少污染的地点设置一个背景监测井(在污染源上游方向);根据污染物扩散形式在污染源周围或地下水下游方向设置若干取样监测井。

④当确定为点状污染源时,以污染源为顶点,采用向下游扇形布点法;当无法确定污染物扩散形式时,采用边长为50~100m 的网格布点法。

2.2.3　水污染源监测方案的制定

水污染源采样布点方案的设计首先要进行原始资料的收集,通过现场实地考察调研,掌握废水、污水的排放量,污染物种类,排污口的数量和位置,是否经过水处理等基本状况。然后,确定采样监测点位、采样方法与技术、监测方法等具体技术方案。

1. 现场调查与资料收集

污水包括工业废水、生活污水和医院污水等。

(1)工业污染源

工厂名称、地址、企业性质、生产规模等;生产布局、排污口数量和位置、排污去向、控制方法、污水处理情况。

(2)生活和医院污水源

城镇人口、居民用水量;医院分布和医疗用水量、排水量;城市下水道管网布局;生活垃圾处置状况;农业用化肥、农药情况。

在制定监测方案时,不仅要提前搜集资料,还要确定监测项目、监测点位、采样方案、分析方法、质量保证措施等。

2. 监测点位的布设

①车间或车间设备出口处测定一类污染物。包括汞、镉、砷、铅、六价铬、有机氯和强致癌物质等。

②工厂总排污口处测定二类污染物。

③污水处理设施出口处为了解对污水的处理效果,可在进水口和出水口同时布点采样。

④排污渠较直处在排污渠道上,采样点应设在渠道较直、水量稳定、上游没有污水汇入处。

⑤城市综合排污口在一个城市的主要排污口或总排污口处;在污水处理厂的污水进出口处;在污水泵站的进水和安全溢流口处;在市政排污管线的入水处。

3. 监测时间与监测频次

江河湖库海等地表水,每年分为丰水、枯水、平水三个时期,每期监测两次;城区、工业区、旅游区、饮用水源河段等重要区域,每月监测一次;地下水分别在丰水期、枯水期监测,每期2~3次,每次间隔10d;工业废水每个生产周期内,间隔24h监测一次;城市污水每天监测不少于两次,对于重点监测的污染源和水体应采用连续自动监测。采样频次见表2-4。

表2-4 采样频次

水体	重点断面(点位)		市控断面	特殊断面
	国控	省控		
河流	12次/年	6次/年	4次/年	根据需要确定
湖泊、水库	12次/年	6次/年	4次/年	
水源地	12次/年			

2.3 水样的采集、保存和预处理

2.3.1 水样的采集

1. 水样类型

依据《水质采样技术指导》(HJ 494—2009),将水样分为以下三类。

①瞬时水样:在不同采样点、不同时间随机采集的水样,适于水质稳定的江河湖库及排污口的水样采集。通过多个瞬时水样的监测数据可以分析污染物随时空的变化规律。

②混合水样:在同一采样点、不同时间多次采集的水样混合为一个水样,也称时间混合水样。混合水样适于水体污染物总体平均水平的监测和水污染源监测。

③综合水样:在不同采样点、同一时间采集的水样混合为一个综合水样,适于水质稳定的水体,掌握水体的整体污染状况。

2. 地表水水样的采集

(1)采样前的准备

采样前需准备采样器材,主要有采样器、采样瓶、保存剂、过滤装置、现场测定仪器、标签、记录笔、冰袋、雨靴、石蜡等。

(2)采样方法和采样器

1)采样方法

①船只采样。利用船只到指定地点,用采样器采集一定深度的水样。此法灵活,但采样地点不易固定,使所得资料可比性较差。

②桥梁采样。桥梁采样适用于频繁采样,并能横向、纵向准确控制采样点位置,尽量利用现有桥梁,不要影响交通。

③涉水采样。涉水采样适用于较浅的小河和靠近岸边水浅的采样点。采样者应站在下游,向上游方向采集水样。

2)采样器

用来采集水样的容器或装置称为水样采样器,又叫采水器。采水器的种类很多,按工作方式可分为间歇式和连续式采水器;按工作深度可分为表层、中深层和底层采水器;按结构可分为伸缩杆式、抛浮式、卡盖式、球阀式、倒转式、击开式、压差式采水器;按贮水容器的形状可分为开管式、圆桶式和多瓶式采水器;按水样进入贮水容器的方式可分为开口浸入式、密封浸入式和泵吸式采水器;按照采样手段可分为手工式和自动式采样装置。

(3)采样时间与频率

采集的水样必须具有代表性,要能反映出水质在时间上的变化规律。

在地面水常规监测中,为了掌握水质的变化,最好能一月采一次水样。一般常在丰水期、枯水期、平水期每期采样两次。如受某些条件限制,至少也要在丰水期和枯水期各采样一次。

对于工业废水监测,为了采取具有代表性的水样,应相隔一定的时间采集与生产周期变化一致的水样。

根据统计规律,采样频率越高,代表性越好,偏差越小。因此,连续自动监测的代表性最好。目前大量的监测工作还是人工操作的,因而要考虑采样时间与频率。

3. 地下水水样的采集

(1)样品采集

地下水水质监测通常采集瞬时水样。从井中采集水样时常利用抽水机设备。启动后,先放水数分钟,将积留在管道内的水排出,然后用采样容器接取水样。若无抽水设备时,可使用深层采水器或自动采水器采集水样,采样深度应在水面 0.5m 以下,以保证水样的代表性。

地下水即储存在岩石空隙(孔隙、裂隙、溶隙)中和地表之下的水。地下水的采集还应考虑以下几方面。

①地下水流动较慢,所以水质参数的变化慢,一旦污染很难恢复,甚至无法恢复。

②近地表的地下水的温度受气温的影响,具有周期性变化,较深的常温层中地下水温度比较稳定,水温变化不超过 0.1℃;但水样一经取出,其温度即可能有较大的变化。

③地下水所受压力较大,面对的环境条件与地面水不同,一旦取出,可溶性气体的溶入和逃逸,带来一系列化学变化,改变水质状况。例如,地下水富含 H_2S 但溶解氧较低,取出后 H_2S 的逃逸,大气中 O_2 的溶入,会发生一系列的氧化还原反应;水样吸收或放出 CO_2 可引起 pH 变化。

(2)地下水采样布点原则

地下水按理论条件分为浅水(浅层地下水)、承压水(深层地下水)和自流水。地下水监测以浅层地下水为主,利用各水分地质单元中原有的监测水井监测。利用机井可以对深层地下水的各层水质进行监测。

1)地下水背景值采样点的布设

常做对照、比较之用,用一个不受或少受污染的地下水来测得。采样点应设在污染区的外围,若要查明污染状况,可贯穿含水层的整个饱和层,在垂直于地下水流方向的上方设置。若是新开发区,应在引入污染源前设背景值监测井点。

2)污染地下水采样点的布设

地下水污染可分为点状污染、条状污染、带状污染和块状污染,这些污染是由渗坑、渗井和堆渣区的污染物在含水层渗透性的不同形式而产生的。例如,条带状污染的监测井的布设应沿地下水流向,用平行和垂直的监测断面控制;点状污染的监测井应在与污染源距离最近的地方布设;带状污染的监测井应用网状布点法设置垂直于河渠的监测断面;块状污染的监测井的布点应是平行和垂直于地下水流方向;地下水位下降的漏斗区的监测井采取平行于环境变化最大的方向和平行于地下水流方向。

对供城市饮用的主要地下水、工业用水和农田灌溉用的地下水,均应适当布设监测井,对人为补给的回灌井,要在回灌前后分别采样监测水质的变化情况。采样井的位置确定后,要进行分区、分类、分级统一编号,利用天然标志或人工标志加以固定。

作为应用水源的地下水,现有水井常被作为日常监测水质的现成采样点。当地下水受到污染需要研究其受污染情况时,则常需设置新的采样点。例如在与河道相邻近地区新建了一个占地面积不甚大的垃圾堆场的情况下,为了监测垃圾中污染物随径流渗入地下,并被地下水挟带转入河流的状况,应如图 2-4 所示设置地下水监测井。如果含水层渗透性较大,污染物会在此水区形成一个条状的污染带,则监测井位置应处在污染带内,并在邻近污染源一侧设点(A),在靠近河道一侧设点(B),而且监测井的进水部位应对准污染带所在位置。显然,在图 2-4 中 C 点或 D 点位置设井或设定的进水位置都是不适宜的。

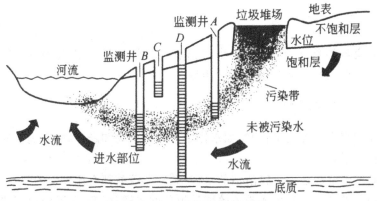

图 2-4　地下水监测井采样点

（3）采样方法

从监测井采集水样常利用抽水机设备。启动后，先放水数分钟，将积留在管道内的杂质及陈旧水排出，然后用采样容器接取水样。一般采集瞬时水样，就能较好地代表地下水质状况。

2.3.2　水样的保存

采集的水样除供一部分项目在现场监测使用外，大部分水样要送到监测室进行监测。在水样运输过程中，为使水样不受污染、损坏和丢失，保证水样的完整性、代表性，应注意以下几点。

①采样容器必须用塞子塞紧密封。

②采样容器装箱，用泡沫塑料或纸条做衬里和隔板，防止碰撞损坏。

③需冷藏的样品，应配备专门的隔热容器，放入制冷剂，避免日光直接照射。

④根据采样记录和样品登记表，运送人和接收人必须清点和检查水样，并在登记表上签字，写明日期和时间，送样单和采样记录应由双方各保存一份待查。

⑤水样运输允许的最长时间为 24h。

2.3.3　水样的预处理

水样的预处理包括：悬浮物的去除；水样的消解；待测组分的富集和分离。

1. 悬浮物的去除

分离悬浮物的方法有自然澄清法、离心沉降法和过滤法,多采用 $0.45\mu m$ 滤膜过滤,收集滤液供分析用。

2. 水样的消解

在测定金属等无机物时,如水样中含有有机物和悬浮物,则需要对水样先进行消解处理。

硝酸消解法适用于较清洁的水样;硝酸和硫酸都有比较强的氧化能力,不适用于处理测定易生成难溶硫酸盐组分的水样;硝酸-高氯酸消解法适用于含有机物、悬浮物较多的水样;硫酸-磷酸消解法适用于消除等离子干扰的水样,因硫酸和磷酸的沸点都比较高,硫酸氧化性较强,磷酸能与一些金属离子配合。

3. 待测组分的富集和分离

(1)挥发

挥发分离法是利用某些污染组分挥发度大,或者将待测组分转变成易挥发物质,然后用惰性气体带出而达到分离的目的。例如,用冷原子荧光法测定水样中的汞时,先将汞离子用氯化亚锡还原为原子态汞,再利用汞易挥发的性质,通入惰性气体将其带出并送入仪器测定;分离装置如图 2-5 所示。测定污水中砷时,将其转变成气体,用吸收液吸收后供分光光度法测定。

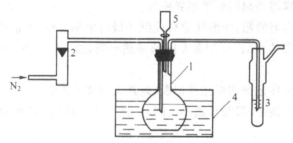

图 2-5　测定硫化物的吹气分离装置

1—500mL 平底烧瓶;2—流量计;3—吸收管;

4—恒温水浴;5—分液漏斗

(2)蒸馏

蒸馏分离是把欲分离的组分转化为易挥发的物质,然后加热,使其成为蒸气逸出,经冷凝后收集于另一接收容器中,这不但使待测成分富集,有利于测定,也是排除干扰的常用手段之一。在测定水中酚类、氰化物、氟化物、硼化物等项目时都选用此法。

(3)溶剂萃取法

溶剂萃取法又称为液-液萃取(liquid-liquid extraction,LLE)法,这种方法是向水样中加入与水互不相溶的有机溶剂一起振摇,利用欲分离的组分在水和有机溶剂两相中溶解度的不同,使其被有机溶剂所萃取,从而达到分离富集的目的。根据相似相溶的原理,用一种与水不相溶的有机溶剂与水样一起混合振荡,然后放置分层,此时有一种或几种组分进入到有机溶剂中,另一些组分仍留在试液中,从而达到分离、富集的目的。常用于常量元素的分离;痕量元素的分离与富集;若萃取组分是有色化合物可直接比色(称萃取比色法)。

(4)离子交换

离子交换法是利用离子交换剂与溶液中的离子发生交换作用而使离子分离的方法。

①树脂的选择和处理。常选用强酸性阳离子和强碱性阴离子交换树脂,选用后过筛使颗粒大小均匀。阳离子交换树脂用 4mol/L HCl 浸泡 1~2d 溶胀并去杂质,使其变成 H 型,用蒸馏水洗至中性。若用 NaCl 处理强酸性树脂,可转变为 Na 型;若用 NaOH 处理强碱性树脂,可转变成 OH 型等。

②交换柱。离子交换通常在离子交换柱中进行,一般由玻璃、有机玻璃等制成。向其中注水,倾入带水的树脂,注意防止气泡进入树脂。为防止树脂露出水面,加水样时树脂间隙会产生气泡,使交换不完全,加盖玻璃丝。交换柱也可用滴定管。

③交换。将水样加到交换柱中,用活塞控制流速。欲分离离子从上到下一层层发生交换。交换完毕用蒸馏水洗下残留溶液及交换过程中形成的酸、碱、盐等。

④洗脱。阳离子交换树脂用盐酸,阴离子交换树脂用盐酸、氯化钠或氢氧化钠做洗脱液,以适宜的速度倾入交换柱中,洗下交换树脂上的离子。

离子交换在富集和分离微量或痕量元素时应用较广泛。例如测定天然水中 K^+、Na^+、Ca^{2+}、Mg^{2+}、SO_4^{2-}、Cl^- 等组分,取数升水样,分别流过阳、阴离子交换柱,再用稀 HCl 洗脱阳离子,用稀洗脱阴离子,这些组分的浓度增加数十倍至百倍。

4. 微波消解

微波消解技术应用于样品处理,所用试剂少、空白值低,且避免了元素的挥发损失和样品的玷污。

(1)微波消解原理

微波消解是以微波作为加热源,直接通过物质吸收热量来达到加热目的的。微波是频率在300~300000MHz,即波长100cm~1mm范围内的高频电磁波。1959年,日内瓦国际无线电公约规定,工业和科学研究应用的微波频率为(915±25)MHz、(2450±13)MHz、(5800±75)MHz、(22125±125)MHz。其中,最常用的频率为2450MHz。

微波消解应选择耗散因子小的材料做容器,以减少容器对微波的吸收损失。例如,石英、聚四氟乙烯、玻璃等都是理想的选择。这些材料不仅对微波能的吸收少(穿透性好),而且具有耐各种酸及耐高温的性能,同时,表现为化学惰性。另一方面,当微波用于有机萃取时,应当选择极性试剂的微波效应,吸收微波能,以提高分子间的相互作用。

(2)微波消解器

微波消解器由消解罐和消解装置组成。消解罐分为开口式常压消解和密闭容器高压消解两种方式。开口式消解选用锥形瓶、烧杯等器皿。高压消解具有一定的优势,高压消解方式产生的压力提高了所用酸的沸点,并且,密闭环境产生的高温,使化学反应速率加快,减少消解时间。密闭容器消解还消除易挥发元素的损失;并且没有酸的挥发损失,使试剂空白值降低等。但密闭容器的微波消解同时形成高温高压,会产生爆炸危险。为此,现行的解决方案是采用温度、压力传感器实时监测和控制,使运行操作在安全范围内;此外,设计泄压装置或防爆片,当罐内压力超过一定值后,装置会自动泄压,如图2-6所示。

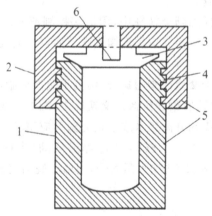

图 2-6 泄压式微波消解罐的剖面图
1—罐体;2—外盖;3—内盖;4—啮合方牙;
5—外部滚花;6—防爆膜

2.4　物理性质的测定

水质的物理指标诸如温度、颜色、气味、浊度、残渣、盐度、电导率等属于感官性状指标。这些指标对饮用水、风景旅游区的水体来说都至关重要。因此,对它们的测定与测定化学物质同样受到重视。

2.4.1　水温

温度是水质的一项重要的物理指标。水中的溶解性气体的溶解度、微生物的活动,甚至 pH 和盐度都与温度变化有关。水温的测定,在测定其他一些项目上是一项必要的参数。

常用的水温测量仪器有水温计、深水温度计、颠倒温度计和热敏电阻温度计,如图 2-7 所示。

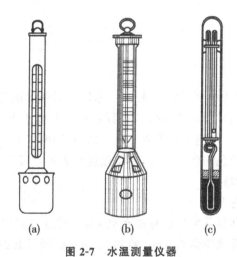

(a)　　　　(b)　　　　(c)

图 2-7　水温测量仪器

(a)水温计;(b)深水温度计;(c)颠倒温度计

(1)水温计法

水温计适用于测量水的表层温度。水温计由水银温度计与感水筒组成。温度计水银球位于金属杯的中央,顶端的槽壳带一圆环,用以拴一定长度的绳子。测量时将水温计插入水中,感温 5min 后,迅速上提并立即读数。水温计法适用于测量水的表层温度。

（2）深水温度计法

深水温度计的构造与水温计相似。测量时将深水温度计放入水中至一定深度，以下步骤与表层水温测定相同。深水温度计法适用于水深 40m 以内的水温测量。

（3）颠倒温度计法

颠倒温度计适用于水深在 40m 以上水温的测定。颠倒温度计的主温表是双端式水银温度计，一端为贮泡，另一端为接受泡。感温时，贮泡向下，感温 10min 后，使温度计连同采水器完成颠倒动作，当温度计颠倒时，水银在断点断开。这时水银分成两部分，进入接受泡一端的水银指示度，即为所测温度。

（4）热敏电阻温度计法

测量水温时，启动仪器，按使用说明书进行操作。将仪器探头放入预定深度的水中，放置感温 1min 后，读取水温。读完后取出探头，用棉花擦干备用。热敏电阻温度计法适用于表层和深层水温的测定。

应注意各种温度计均应定期由计检部门校验；测定时感温按规定时间进行。

2.4.2　色度

纯水无色，清洁水在水层浅时无色，水层深时浅蓝绿色。天然水中存在腐殖质、浮游生物、矿物质等，显示不同颜色，工业废水因污染源不同，有不同颜色。水色存在，使用水者外观不快之感，且影响工业产品、食品等质量。

色度是衡量颜色深浅的指标，单位用度来表示。常用测定方法有铂-钴比色法和稀释倍数法。

（1）铂-钴比色法

用氯铂酸钾和氯化钴配成标准色列，与水样进行目视比色来确定水样的色度。规定每升水中含有 1mg 铂和 0.5mg 钴所具有的颜色为 1 度。测定前放置澄清、离心分离或用 0.45μm 滤膜除去悬浮物，但不能用滤纸过滤。测定时先配 500 度铂-钴储备液，再配成标准色列，与水样进行比色确定其色度。注意，无法除去水中悬浮物时只能测表色；标准色列可用重铬酸钾代替。

（2）稀释倍数法

首先用眼睛观察水样，文字描述水样颜色深浅，如无色、浅色、深色等，色调如蓝色、黄色、灰色等，或包括水样透明度如透明、浑浊、不透明。取一定量水样装入比色管中，用无色水稀释至无色时（与无色蒸馏水比较），水样的稀释倍数即为水样的色度,单位用倍表示。需要注意的是,用该方法测定时需要快速测定,或于 4℃保温 48h;水样应无树叶、枯枝等。

（3）分光光度法

近年来我国某些行业试用这种方法检验排水水质。以明度表示亮度;以纯度表示饱和度(柔和、浅淡等),来评定水的色度。适用于各种水色度的测定。

2.4.3　浊度

浊度是自来水厂水质的一个重要指标。测定水样浊度可用分光光度法、目视比浊法和浊度计法。

（1）分光光度法

将一定量的硫酸肼与六亚甲基四胺聚合,生成白色高分子聚合物,以此作为浊度标准溶液,规定 1L 溶液中含 0.1mg 硫酸肼和 1mg 六亚甲基四胺为 1 度。测定时用硫酸肼和六亚甲基四胺配制浊度标准色列,在 680nm 处测其吸光度,绘制吸光度-浊度标准曲线,即可从标准曲线上查得水样浊度。如水样经过稀释,要换算成原水样的浊度。适用于饮用水、天然水和高浊度水,最低检测浊度为 3 度。注意,水样应无碎屑及易沉颗粒;器皿清洁、水样中无气泡;在 680nm 下测定天然水中存在的淡黄色、淡绿色无干扰。

（2）目视比浊法

以硅藻土(或白陶土)配制标准浊度溶液,规定每升水含有 1mg 150 目的硅藻土(或白陶土)时,水的浊度为 1 度。适用于饮用水和水源水等低浊度水,最低检测浊度为 1 度。注意,应加抑制剂如氯化汞,以防止菌类生长。

（3）浊度计法

浊度计是依据浑浊液对光进行散射或透射的原理制成的,在一定条件下,将水样的散射光强度与相同条件下的标准参比悬浮液(硫酸肼与六亚甲基四胺)的散射光强度相比较,即得水样的浊度,浊度单位为 NTU。适用于水体浊度的连续自动在线监测。注意,应定期用标准浊度溶液校正浊度仪。

2.4.4　透明度

透明度是指水样的澄清程度。常用的测定透明度的方法有铅字法、塞氏盘法和十字法。

（1）铅字法

根据检验人员的视力观察水样的澄清程度。从透明度计(如图 2-8 所示)筒口垂直向下观察,清楚见到透明度计底部标准铅字印刷符号时,水柱高度用厘米表示的透明度。透明度计是一种长 33cm、内径 2.5cm 的玻璃筒,上面有厘米为单位的刻度,筒底有一磨光的玻璃片。筒与玻璃片之间有一个胶皮圈,用金属夹固定。距玻璃筒底部 1～2cm 处有一放水侧管,底部有标准印刷符号。铅字法适用于天然水和处理后的水。

注意,透明度计应放在光线充足的位置,放在离直射阳光窗户约 1m 的地方;受检验人员主观影响较大,一般多次或数人测定取平均值。

(2)塞氏盘法

这是一种现场测定透明度的方法,将塞氏盘沉入水中,以刚好看不到它时的水深(cm)表示透明度。塞氏盘(如图 2-9 所示)是以较厚的白铁片剪成直径 200mm 的圆板,用漆涂成黑白各半的圆盘,正中间开小孔,穿一铅丝,下面加一铅锤,上面系小绳,绳上有刻度。测定时将塞氏盘在船的背光处放入水中,逐渐下沉,至恰好不能看见盘面的白色时,记录其刻度,观察时需反复 2～3 次。适用于现场测定。

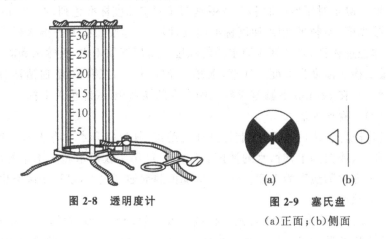

图 2-8　透明度计

图 2-9　塞氏盘
(a)正面;(b)侧面

(3)十字法

在内径为 30mm,长为 0.5m 或 1.0m 的刻度玻璃筒的底部放一白瓷片,片中部有宽度为 1mm 的黑色十字和四个直径为 1mm 的黑点,从筒顶观察明显看到十字,看不到四个黑点时,用水柱高度(cm)表示透明度。

2.4.5　残渣

水样中含有的物质可分为溶解性物质和不溶性物质两类。前者如可溶性无机盐类和有机物,后者如可沉降的物质和悬浮物等。这种水样蒸发后就会留下残渣。

残渣可分为总残渣、过滤性残渣和非过滤性残渣三种。经常测定的总溶解固体(TDS)即过滤性残渣,悬浮物(SS)即非过滤性残渣。

(1)总残渣

总残渣代表在一定温度下将溶液蒸发并烘干后剩下来的残留物,是水样中分散均匀的悬浮物和溶解物之和。残渣的质量与烘干的温度有很大关系。因为烘干时可因有机物挥发、吸着水或结晶水的变化及物质的分解而发生质量变化,也可因氧化而使质量变化。因此,应该选定适当的烘干温度,通常选用 103～105℃ 为各种残渣测定时烘干温度。在这一温度下,结晶水不损失,有机物不破坏(挥发性有机物受到损失),重碳酸盐可变为碳酸盐,吸着水可能保留一些,烘干至恒重所需时间较长。

(2)过滤性残渣

过滤性残渣系指能通过 0.45μm 滤膜并于 103～105℃ 烘干至恒重的固体。其主要成分应是可溶性无机盐。

(3)非过滤性残渣

非过滤性残渣系指不能通过 0.45μm 滤膜的固体残留物,因此常用滤纸、0.45μm 滤膜、石棉坩埚等为滤器,测定结果与选用滤器有关,必须注明。测定时用已恒重的 0.45μm 滤膜过滤一定量(50mL)水样,将载有悬浮物的滤膜,移入烘箱中于 103～105℃ 下烘干至恒重(大约 2h),增加的质量即为非过滤性残渣。注意,水样不宜保存,尽快分析;水样较清时,多取水样,使悬浮物质量在 50～100mg 之间;水样中不得加任何化学试剂;漂浮和浸没的物质不属于悬浮物。

2.4.6 电导率

电导率的测定常采用电导仪(或电导率仪)法,电解质溶液的导电能力通常用电导来表示。电导(L)是电阻(R)的倒数,电导率(K)是电阻率(ρ)的倒数,单位为 S/cm,常用 mS/cm 或 μS/cm 表示。当电极间的距离为 L(cm),电极面积为 A(cm²)时,电导率 K 表示为

$$K = \frac{1}{\rho} = \frac{Q}{R} \tag{2-1}$$

式中,$Q = \dfrac{L}{A}$ 为电导池常数。

电导池常数的测定常用已知电导率的标准 KCl 溶液测定,不同浓度 KCl 溶液电导率(25℃)见表 2-5。于是

$$Q = K_{KCl} R_{KCl} \qquad (2\text{-}2)$$

对于 0.01000mL/L 标准 KCl 溶液,25℃时 K_{KCl} 为 1413μS/cm,则上式为 $Q = 1413 R_{KCl}$。

实验室测定电阻的方法有平衡电桥法、电阻分压法、直接测量法和电磁感应法等。DDS-11 型电导仪是实验室广泛使用的一种,是按电阻分压法设计的。

表 2-5　不同浓度 KCl 溶液电导率(25℃)

浓度/(mol/L)	电导率/(S/cm)	浓度/(mol/L)	电导率/(S/cm)
0.0001	14.94	0.01	1413
0.0005	73.90	0.02	2767
0.001	147.0	0.05	6668
0.005	717.8	0.1	12900

测定时首先测定电导池常数,取一定浓度 KCl 溶液,恒温〔(25±0.1)℃〕后,浸泡、冲洗电导池和电极 3 次,用已预热 30min 校正好的电导仪测量该浓度的 KCl 溶液电阻 R 数次,取平均值。按 $Q = KR$ 求出 Q 值。其次水样的测定,用水样冲洗数次电导池,再用水样冲洗后,装满水样,测定水样的电阻。

应注意水样中的粗大悬浮物、油和脂干扰测定,过滤或萃取去除;温度差 1℃,电导率差 2.2%,因此必须恒温;使用与水样电导率相近的 KCl 标准溶液;容器要洁净,测量要迅速;若使用已知电导池常数的电导池,可直接测定读出数据。

2.4.7　臭

臭是人的嗅觉器官对水中含有挥发性物质的不良的感官反应,提供危险可能性的最初警告,对饮用水或娱乐用水来说是一项重要水质指标。

天然水略带一些气味,人们习以为常。污染水中由于含有大量的挥发性污染物(如石油、酚等)以及有机物腐败分解的各种气体(如硫化氢、氨等)而产生强烈臭味,因此,水的臭味总与受污染程度有关。

有关感官特性的化学分析虽有所进展,但是目前对气味的主要实验手段还是靠人的鼻子。臭实验的结果很难用物理量表示,因而只能用文字对臭的性质做定性描述,臭的强度采用稀释法进行测定。

(1)臭的定性描述

水的臭味与温度有关,加热时臭味更为强烈,所以臭的实验有冷法和热法之分。冷法实验,取 100mL 水样于 250mL 锥形瓶中,调节水温至 20℃左右,振荡后从瓶中闻其气味。热法实验,取 100mL 水样于 250mL 锥形瓶中,加一表面皿在电炉上加热至沸腾,立即取下锥形瓶,闻其气味。

气味的性质和种类用文字做补充描述,例如:正常——不具有任何气味;芳香气味——花香、水果气味等;化学药品气味——可分为氯气味、石油气味(汽油、煤油、煤焦油等气味)等;药气味(酚、碘仿等);硫化物气味(硫化氢气味);不愉快气味——鱼腥气、泥土气、霉烂气味等。

(2)稀释法

用无臭水将水样稀释,直至分析人员刚刚闻到气味为止。此时的浓度叫臭阈浓度。水样稀释到臭阈浓度时的稀释倍数叫臭阈值。此法既适用于几乎无臭的天然水的测定,也可用于测定臭阈值大到数千的工业废水。

2.4.8　矿化度

矿化度是水中所含无机矿物成分的总量,常用测定方法有称量法、电导法、阴阳离子加和法、离子交换法和密度计法。称量法含义较明确,是较简单通用的方法。

(1)称量法原理

水样经过滤去除悬浮物及沉降物,放在已恒重的蒸发皿中,在水浴上蒸干,并用过氧化氢除去有机物,然后在 105~110℃下烘干至恒重,蒸发皿增加的重量即为矿化度。

(2)测定

将一定量(50mL)用清洁的玻璃砂芯坩埚或中速定量滤纸过滤的水样,放于烘至恒重的蒸发皿中。蒸发皿在水浴上蒸干,如残渣有色,滴加过氧化氢数滴,再蒸干,反复多次至残渣变白或颜色稳定为止。蒸发皿放入烘箱内于 105~110℃烘至恒重(大约 2h),记录称量质量。

(3)数据处理

$$矿化度(mg/L) = \frac{m - m_0}{V} \times 10^6 \qquad (2-3)$$

式中,m 为蒸发皿及残渣质量,g;m_0 为蒸发皿质量,g;V 为水样体积,mL。

2.5　金属化合物的测定

2.5.1　汞

汞及其化合物属于剧毒物质,特别是有机汞化合物,由食物链进入人体,引起全身中毒作用。天然水含汞极少,一般不超过 0.1μg/L。中国生活饮用水标准限值为 0.001mg/L。工业废水中汞的最高允许排放浓度为 0.05mg/L。

地表水汞污染的主要来源是贵金属冶炼、食盐电解制钠、仪表制造、农药、军工、造纸、氯碱工业、电池生产、医院等行业排放的污水。

汞的测定方法有硫氰酸盐法、双硫腙法、EDTA 配位滴定法、称量法、阳极溶出伏安法、气相色谱法、中子活化法、X 射线荧光光谱法、冷原子吸收法、冷原子荧光法、中子活化法等。以下主要介绍冷原子吸收法和冷原子荧光法。

1. 冷原子吸收法

汞是常温下唯一的液态金属,具有较高的蒸气压(20℃时汞的蒸气压为 0.173Pa,在 25℃时以 1L/min 流量的空气流经 10cm^2 的汞表面,每 1m^3 空气中含汞约为 30mg),而且汞在空气中不易被氧化,以气态原子存在。由于汞具有上述特性,可以直接用原子吸收法在常温下测定汞,故称为冷原子吸收法。采用此法,由于可以省去原子化装置,使仪器结构简化。测定时干扰因素少,方法检出限为 0.05g/L。冷原子吸收法测汞的专用仪器为测汞仪,光源为低压汞灯,发出汞的特征吸收波长 253.7nm 的光。

汞在污染水体中部分以有机汞如甲基汞和二甲基汞形式存在,测总汞时需将有机物破坏,使之分解,并使汞转变为汞离子。一般用强氧化剂加以消解处理。浓硫酸-高锰酸钾可以氧化有机汞的化合物,将其中的汞转变成汞离子,然后用适当的还原剂(如氯化亚锡)将汞离子还原为汞。利用汞的强挥发性,以氮气或干燥清洁的空气作载气,将汞吹出,导入测汞仪进行原子吸收测定。

冷原子吸收测汞仪,主要由光源、吸收管、试样系统、光电检测系统等主要部件组成。国内外一些不同类型的测汞仪差别主要在吸收管和试样系统的不同,如图 2-10 所示。

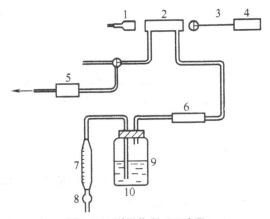

图 2-10　测汞仪原理示意图

1—汞灯；2—吸收池；3—检测池；4—记录仪；5—除汞装置；

6—干燥管；7—流量计；8—空气泵；9—还原泵；10—试样

2. 冷原子荧光法

荧光是一种光致发光的现象。当低压汞灯发出的 253.7nm 的紫外线照射基态汞原子时，汞原子由基态跃迁至激发态，随即又从激发态回至基态，伴随以发射光的形式释放这部分能量，这样发射的光即为荧光。通过测量荧光强度求得汞的浓度。在较低浓度范围内，荧光强度与汞浓度成正比。冷原子荧光测汞仪与冷原子吸收测汞仪的不同处是光电倍增管处在与光源垂直的位置上检测光强，以避免来自光源的干扰。冷原子荧光法具有更高的灵敏度，其方法检测限为 1.5ng/L。测定方法参照冷原子吸收法，如图 2-11 所示。

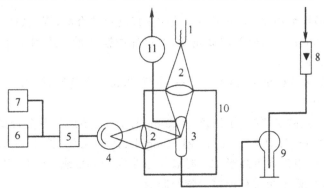

图 2-11　冷原子荧光测汞仪工作原理

1—低压汞灯；2—石英聚光镜；3—吸收-激发池；4—光电倍增管；

5—放大器；6—指示表；7—记录仪；8—流量计；

9—还原瓶；10—荧光池(铝材发黑处理)；11—抽气泵

2.5.2 镉

镉是人体必需的元素,镉的毒性很大,可在人体蓄积,主要损害肾脏。镉的测定方法有原子吸收光谱法、双硫腙分光光度法、阳极溶出伏安法或示波极谱法。

1. 原子吸收光谱法

根据某元素的基态原子对该元素的特征谱线的选择性吸收来进行测定的分析方法,定量依据是朗伯-比尔定律。

由镉空心阴极灯发射的特征谱线(锐线光源),穿越被测水样经原子化后产生的镉原子蒸气时,产生选择性吸收,使入射光强度与透射光强度产生差异,通过测定基态原子的吸光度,确定试样中镉的含量。

直接吸入火焰原子吸收光谱法测定镉是将水样或消解处理好的水样直接吸入火焰中测定,适用于地下水、地表水、污水及受污染的水,适用范围 0.05~1mg/L;萃取或离子交换火焰原子吸收光谱法测定微量镉是将水样或消解处理好的水样,在酸性介质中与吡咯烷二硫代氨基甲酸铵(APDC)配合后,用甲基异丁基酮(MIBK)萃取后吸入火焰进行测定,适用于地下水、清洁地表水,适用范围 1~50μg/L;石墨炉原子吸收光谱法测定微量镉是将水样直接注入石墨炉内进行测定,适用于地下水和清洁地表水,适用范围 0.1~2μg/L。水样用混合液消解。

2. 双硫腙分光光度法

在强碱性溶液中,镉离子与双硫腙生成红色螯合物,用三氯甲烷萃取分离后,于 518nm 波长处测定吸光度,求水样中镉含量。适用于受镉污染的天然水和各种污水。

方法的最低检出浓度(取 100mL 水样,20mm 比色皿时)为 0.001mg/L,上限为 0.06mg/L。

需要注意的是,镁离子浓度达 20mg/L 时,需多加酒石酸钾钠掩蔽;水样中含铅 20mg/L、镁 30mg/L、铜 40mg/L、锰 4mg/L、铁 4mg/L 时,不干扰测定;水样中镉含量高于 10g 时取样量改为 25mL 或 50mL;双硫腙必须提纯,同时注意光线对有色螯合物的影响。

2.5.3 铅

铅是可在人体和动植物组织中蓄积的有毒金属。世界范围内,淡水中含

铅 $0.06\sim120\mu g/L$，中值 $3\mu g/L$；海水含铅 $0.03\sim13\mu g/L$，中值 $0.03\mu g/L$。铅的主要污染源有蓄电池、五金、冶金、机械、涂料和电镀工业等排放的污水。铅的测定方法有原子吸收分光光度法、双硫腙分光光度法和阳极溶出伏安法或示波极谱法。

方法的最低检出浓度（取 100mL 水样，10mm 比色皿时）为 0.01mg/L，测定上限为 0.3mg/L。

应注意使用的器皿、试剂、去离子水中不应含有痕量铅；在 pH 为 $8\sim9$ 时 Bi^{3+}、Sn^{2+} 等干扰测定，一般先在 pH 为 $2\sim3$ 时用双硫腙三氯甲烷萃取除去，同时除去铜、汞、银等离子；水样中的氧化性物质（如 Fe^{3+}）易氧化双硫腙，在氨性介质中加入盐酸羟胺去除；氰化钾可掩蔽铜、锌、镍、钴等离子；柠檬酸盐可配位掩蔽钙、镁、铝、铬、铁等，防止氢氧化物沉淀。

2.5.4　铬

铬是生物体所必需的微量元素之一，铬的主要污染源是电镀、制革、冶炼等工业排放的污水。铬的毒性与其存在的价态有关，六价铬（以 CrO_4^{2-}、$HCrO_4^-$、$HCr_2O_7^-$ 形式存在）比三价铬毒性高 100 倍，并易被人体吸收且在体内蓄积，三价铬和六价铬可以相互转化。铬的污染源有含铬矿石的加工、金属表面处理、皮革鞣制、印染等排放的废水。

铬的测定可用多种方法：原子吸收分光光度法可用来直接测定三价铬和六价铬的总量；含高浓度铬酸根的污水可用容量法测定；在多种测定铬的光度法中，二苯碳酰二肼光度法对铬（Ⅵ）的测定几乎是专属的，能分别测定两种价态的铬。

二苯碳酰二肼，又名二苯氨基脲、二苯卡巴肼。白色或淡橙色粉末，易溶于乙醇和丙酮等有机溶剂。试剂配成溶液后，易氧化变质，稳定性不好，应在冰箱中保存。

二苯碳酰二肼测定铬是基于与铬（Ⅵ）发生的显色反应，共存的铬（Ⅲ）不参与反应。铬（Ⅵ）与试剂反应生成红紫色的络合物，其最大吸收波长为 540nm。其具有较高的灵敏度（$\varepsilon=4\times10^4$），最低检出浓度为 $4\mu g/L$。水样经高锰酸钾氧化后测得的是总铬，未经氧化测得的是 Cr（Ⅵ），将总铬减 Cr（Ⅵ），即得 Cr（Ⅲ）。

2.5.5　砷

砷的污染主要来自含砷农药、冶炼、制革、染料化工等工业废水。环境中的砷以砷(Ⅲ)和砷(Ⅴ)两种价态化合物存在。砷化物均有毒性,三价砷比五价砷毒性更大。地面水环境质量标准规定砷的含量为 0.05～0.1mg/L,工业废水的最高允许排放浓度为 0.5mg/L。

砷的测定方法可采用分光光度法、原子吸收法和原子荧光法。不管采用何种方法,水样均要进行相似的前处理。除非是清洁水样,对于污染水样,首先用酸消解,然后用还原剂使砷以砷化氢气体从水样中分离出来。

1. 分光光度法

(1)二乙基二硫代氨基甲酸银光度法

此法 1952 年由 Vasak 提出。水样经前处理,以碘化钾和氯化亚锡使五价砷还原为三价砷,加入无砷锌粒,锌与酸产生的新生态氢使三价砷还原成气态砷化氢。用二乙基二硫代氨基甲酸银(AgDDC)的吡啶溶液吸收分离出来的砷化氢,吸收的砷化氢将银盐还原为单质银,这种单质银是颗粒极细的胶态银,分散在溶剂中呈棕红色,借此作为光度法测定砷的依据。显色反应为

$$AsH_3 + 6AgDDC \rightarrow 6Ag + 3HDDC + As(DDC)_3$$

吡啶在体系中有两种作用:为水不溶性化合物,吡啶既作为溶剂,又能与显色反应中生成的游离酸结合成盐,有利于显色反应进行得更完全。但是,由于吡啶易挥发,其气味难闻,后来改用 AgDDC-三乙醇胺-氯仿作为吸收显色体系。在此,三乙醇胺作为有机碱与游离酸结合成盐,氯仿作为有机溶剂。本法选择在波长 510nm 下测定吸光度。取 50mL 水样,最低检出浓度为 7g/L。

(2)新银盐光度法

硼氢化钾(或硼氢化钠)在酸性溶液中,产生新生态的氢,将水中无机砷还原成砷化氢气体。以硝酸-硝酸银-聚乙烯醇-乙醇为吸收液,砷化氢将吸收液中的银离子还原成单质胶态银,使溶液呈黄色,颜色强度与生成氢化物的量成正比。黄色溶液在 400nm 处有最大吸收。颜色在 2h 内无明显变化(20℃以下)。

聚乙烯醇在体系中的作用是作为分散剂,使胶体银保持分散状态。乙醇作为溶剂。此法测定的精密度高,根据四个地区不同实验室测定,相对标准偏差为 1.9%,平均加标回收率为 98%。此法反应时间只需几分钟,而AgDDC 法则需 1h 左右。

2. 氢化物原子吸收法

硼氢化钾或硼氢化钠在酸性溶液中,产生新生态氢,将水样中无机砷还原成砷化氢气体,将其用气载入石英管中,以电加热方式使石英管升温至

900～1000℃。砷化氢在此温度下被分解形成砷原子蒸气,对来自砷光源的特征电磁辐射产生吸收。将测得水样中砷的吸光度值和标准吸光度值进行比较,确定水样中砷的含量。

2.6　非金属无机化合物的测定

2.6.1　氰化物

工业废水中含有的氰化物可分为简单氰化物和络合氰化物两类。简单氰化物多为碱金属的盐类,如 KCN、NaCN 等,有剧毒,在酸性介质中,易形成挥发性的氰化物。络合氰化物中的氰与金属离子配位结合,较为稳定,但加酸蒸馏时也会变成氰化氢而被蒸出。

1. 氰化物的蒸馏分离

氰氢酸是一种很弱的酸($K_a = 4.03 \times 10^{-10}$),因此在酸性介质中离解度很小,可以 HCN 形式蒸馏分离。一般说,简单的氰化物(如 KCN、NaCN 等)可以分离得很完全,但是对于以氰络合物形式存在的氰,要视络合物的稳定性和蒸馏分离的条件决定。

水中氰化物测定一般是总量测定,所谓"总量"也仅指能被蒸馏方法分离出来的各种氰化物的总量。氰化物蒸馏装置如图 2-12 所示。

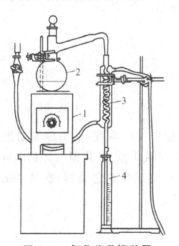

图 2-12　氰化物蒸馏装置
1—电炉;2—蒸馏瓶;3—冷凝器;4—吸收瓶

2. 氰化物的光度法测定标准

采用的测定氰化物光度法有异烟酸-吡唑啉酮法和异烟酸-巴比妥酸法。两种方法都具有很好的灵敏度,显色反应机理也相似。氰化物显色反应较为复杂,涉及氧化还原和有机合成反应。

①异烟酸-吡唑啉酮光度法原理:取预蒸馏馏出液,调节 pH 至中性条件,水中氰离子被氯胺 T 氧化生成氯化氰(CNCl),氯化氰与异烟酸作用经水解生成戊烯二醛,再与吡唑啉酮进行缩合反应生成蓝色染料,在波长638nm 处做光度测定。本法最低检出浓度为 4μg/L。反应式如下:

②异烟酸-巴比妥酸光度法原理:取预蒸馏馏出液,调节 pH 成中性条件,氰和氯胺 T 反应生成氯化氰,氯化氰与异烟酸反应生成戊烯二醛,戊烯二醛再与巴比妥酸反应,生成紫蓝色染料,在 600nm 处做光度测定。本法最低检出浓度为 4μg/L。

2.6.2　氟化物

氟是最活泼的非金属,由于它的电负性高,氧化能力特别强,常温下几乎能与所有的金属和非金属化合,与水反应剧烈,因此自然界中无单质氟存在。

①氟试剂分光光度法原理:氟离子在 pH＝4.1 的乙酸盐缓冲介质中,与氟试剂(3-甲基胺-茜素-二乙酸)和硝酸镧反应,生成蓝色三元络合物,其色度与氟离子浓度成正比,在波长 620nm 处进行吸光度测定,用标准曲线法定量。该法测定的检出限为 0.02mg/L,测定下限为 0.08mg/L。

②氟离子选择电极法。氟电极是由氟化镧单晶片制成的固体膜电极,只有氟离子可以透过膜。测量电池可表示为 $Ag|AgCl_2,Cl^-(0.3mol/L)$,$F^-(0.001mol/L)|LaF_3\parallel$ 试液 $\parallel$ 外参比电极。

当氟电极与含氟的试液接触时,电池的电动势(E)随溶液中氟离子活度的变化而改变,其关系符合能斯特方程:

$$E = E_0 - S\lg\alpha_{F^-}$$

式中,E 为测得的电极电位;E_0 为参比电极的电极电位;S 为氟电极的斜率;α_{F^-} 为溶液中氟离子的活度。

配制一系列不同浓度的标准溶液,插入电极,测其电位(E)值,绘制 E-$\lg c_{F^-}$ 标准曲线。测得未知水样的电位值后,由标准曲线方程即可求得水样中氟离子的浓度。本法的测定范围是 0.05～1900mg/L,不受水样颜色、浑浊的干扰,适合于各种水样的测定。

2.6.3　氯化物

氯化物是水质分析中常见的测定项目,测定方法可用容量法,容量法包括硝酸银滴定法、硝酸汞滴定法和电位滴定法,也可以采用离子色谱法。当氯离子含量大于 10mg/L 时,常用硝酸银滴定法测定。

1. 硝酸银滴定法

在 pH＝7 左右的溶液中,以铬酸钾为指示剂,用硝酸银标准溶液直接滴定。反应式为:

$$Ag^+ + Cl^- \rightarrow AgCl\downarrow$$
白色

$$2Ag^+ + CrO_4^{2-} \rightarrow Ag_2CrO_4\downarrow$$
砖红色

测定时,准确移取 100mL 水样于 250mL 锥形瓶中,加入 2 滴酚酞指示剂(10g/L),用 0.1mol/L 氢氧化钠溶液和 0.1mol/L 盐酸溶液调节溶液的pH,使酚酞由粉红色恰好变为无色。加入 1mL 铬酸钾溶液(100g/L),用

0.01mol/L 硝酸银标准溶液滴定至橙色为终点,同时做空白试验。

水样中氯化物含量(以计,mg/L)用式(2-4)计算:

$$氯化物含量 = \frac{(V_2 - V_1) \times c \times 35.45}{V} \times 1000 \tag{2-4}$$

式中,c 为硝酸银标准溶液的浓度,mol/L;V_2 为滴定水样时消耗硝酸银标准溶液的体积,mL;V 为滴定空白时消耗硝酸银标准溶液的体积,mL;35.45 为 Cl^- 的摩尔质量,g/mol。

该方法适宜的 pH 范围为 6.5～10.5,因为在酸性介质中的溶解度增大,而在 pH＞10.5 时会生成沉淀。若水中含有且浓度低于 0.05mol/L 时,应在 6.5～7.2 的 pH 范围内滴定。

2. 硝酸汞滴定法

将水样 pH 调至 3.0～3.5,以二苯卡巴腙为指示剂,用硝酸汞标准溶液滴定。先生成氯化汞沉淀,滴至终点时,过量的汞离子与二苯卡巴腙生成蓝紫色络合物,该法终点颜色变化明显,可不作空白滴定。该法适用于地表水、地下水和经过预处理后能消除干扰的其他废水中氯化物的测定,适用浓度范围为 2.5～500mg/L。

3. 二氧化氯的碘量法

测定方法原理:二氧化氯和亚氯酸根均是氧化剂,都能氧化碘离子而析出碘,可用硫代硫酸钠滴定析出的碘,得到二氧化氯的浓度。由于在不同的 pH 条件下,氧化数变化不同。

在 pH=7 时,$ClO_2 + I^- \rightarrow ClO_2^- + \frac{1}{2}I_2$,氧化数由 4→3

在 pH=1～3 时,$ClO_2 + 5HI \rightarrow H^+ + Cl^- + 2H_2O + \frac{5}{2}I_2$,氧化数由 4→−1

$HClO_2 + 4HI \rightarrow 2I_2 + HCl + 2H_2O$,氧化数由 3→−1

因此,可用一个样品控制不同的 pH,连续滴定来测定二氧化氯和亚氯酸根含量。

本方法适合于纺织染整工业废水中二氧化氯和亚氯酸盐的连续测定。当取样量为:100mL 时,二氧化氯检出限为 0.27mg/L。

2.7　有机污染物的测定

水体中的有机物种类繁多,它们在微生物和氧的作用下,多数可以被降解为二氧化碳和水。若水体中有机物含量过高,会消耗大量溶解氧。常用的有机污染综合指标有化学需氧量(COD)、生化需氧量(BOD)、总需氧量(TOD)和总有机碳(TOC)等。

2.7.1 溶解氧

水中溶解氧的含量与温度、大气压力和含盐量有关。温度升高,溶解氧量显著下降;大气压力减小,即氧的分压减少,溶解氧量也减少;含盐量增高,溶解氧减少。

水体中溶解氧含量能反映水体受有机物污染的程度。湖泊水的溶解氧量,在一般情况下与水层的深度成反比。地下水往往只含有少量的溶解氧,深层地下水甚至不含有溶解氧,因为地下水很少与空气接触,而且当地下水渗透时,可与土壤中某些物质发生氧化还原作用,从而消耗水中的溶解氧。当水体受到污染时,溶解氧量逐渐减少;当污染严重时,氧化作用加快,溶解氧量趋于零,此时厌氧细菌迅速繁殖,水中有机污染物质发生腐败作用,使水体变黑发臭。

水中溶解氧的测定方法有碘量法及其修正法和氧电极溶解氧仪法,前者是经典的标准方法,后者快速简便,有利于现场监测和自动监测。

1. 碘量法(Winkler 法)

原理:碘量法测定溶解氧以氧的氧化性质为基础,在碱性介质中,与 $Mn(II)$ 发生反应生成 $MnO(OH)_2(s)$ 而被固定,反应式如下:

$$MnSO_4 + 2NaOH \rightarrow Na_2SO_4 + Mn(OH)_2 \downarrow$$

白色沉淀

$$2Mn(OH)_2 + O_2 \rightarrow 2MnO(OH)_2$$

棕色沉淀

$MnO(OH)_2$ 中的 $Mn(IV)$ 具有氧化性,在有碘化钾存在,加酸溶解沉淀时,它被还原为锰离子,同时析出等摩尔量碘。反应式为:

$$MnO(OH)_2 + 2H_2SO_4 \rightarrow Mn(SO_4)_2 + 3H_2O$$

$$Mn(SO_4)_2 + 2KI \rightarrow MnSO_4 + K_2SO_4 + I_2$$

以淀粉作指示剂,用硫代硫酸钠标准溶液滴定析出的碘,反应如下:

$$2Na_2S_2O_3 + I_2 \rightarrow Na_2S_4O_6 + 2NaI$$

根据滴定消耗的硫代硫酸钠溶液的体积,可以求得水中溶解氧的浓度。计算公式如下:

$$DO(O_2, mg/L) = \frac{cV \times 8 \times 1000}{V_{水}}$$

式中,c 为硫代硫酸钠标准溶液物质的量浓度,mol/L;V 为滴定消耗硫代硫酸钠标准溶液体积,mL;8 为 $\frac{1}{2}$O 的摩尔质量,g/mol;$V_{水}$ 为水样体积,mL。

2. 修正碘量法

水样中含有亚硝酸盐干扰测定,用叠氮化钠将亚硝酸盐分解后再测定,称为叠氮化钠修正法。做法是在加硫酸锰和碱性碘化钾溶液的同时加入 NaN_3 溶液(或配成碱性碘化钾-叠氮化钠溶液加入水样中),含量高时,加入 KF 掩蔽。其他同碘量法。

试样中含大量亚铁离子而无其他还原剂和有机物时,用 $KMnO_4$ 去除后再测定,称为修正法。做法是以 $KMnO_4$ 氧化 Fe^{2+},Fe^{3+} 用 KF 掩蔽,过量的用 H_3PO_4 除去。其他同碘量法。

3. 氧电极法

氧电极按其工作原理分为极谱型和原电池型两种。极谱型氧电极由黄金阴极、银-氯化银阳极、聚四氟乙烯薄膜、壳体等部分组成,两电极上的反应分别为:

$$阴极:O_2 + 4H^+ + 4e^- = 2H_2O$$
$$阳极:4Ag + 4Cl^- = 4AgCl + 4e^-$$

测定时,首先用无氧水样校正零点,再用化学法测得溶解氧的浓度的水样校准仪器刻度值,最后测定水样。需要注意的是,水样中的有机物和杂质会干扰水样的测定,所以要定期更换电解质和膜,当膜干燥时,要使膜湿润,待读数稳定后再进行校准。

2.7.2　生化需氧量

生化需氧量(BOD)是指好氧条件下,微生物分解水中有机物质的生物化学过程中所需溶解氧的量,通过生化需氧量的测定,可以反映出水中能被微生物分解的有机物的含量。

微生物分解有机物是一个缓慢的过程。要把可分解的有机物全部分解,需要 20d 以上时间。通常做生化需氧量测定,采用在 20℃温度下培养 5d 后测定,称为 BOD_5。

1. 稀释接种法

生化需氧量的测定方法就是溶解氧的测定方法。在培养前和培养后各测定一次溶解氧。两者之差即为生化需氧量。

进行生化需氧量测定，一般均需将水样稀释后进行培养，因此，在配制培养水样时，选择适当的水样稀释比是测定能否取得正确结果的关键。因为在一定温度和压力下，水中的溶解氧是常数，而水中有机物的含量取决于水受污染的程度，有很大差别。如果进行培养的水样中含有机物太多，在培养期间会使溶解氧消耗殆尽，或所剩无几，这样，培养后溶解氧就可能测不出。反之如果培养水样中有机物太少，培养前后溶解氧测定结果相差无几，测定的相对误差增大。为了确定一个适当的稀释比，通常应先做水样化学需氧量的测定，根据测得的化学需氧量，再来估算水样的稀释比。

每一种稀释水样要分装两瓶，一瓶作培养用，另一瓶当即作溶解氧测定用，同时要做稀释水空白实验。在培养期间要观察温度和瓶口的液封水是否正常。经过 5d 培养后取出样品进行测定。

测定结果的计算有以下两种情况。

① 不经稀释而直接培养的水样。

$$BOD_5(mg/L) = c_1 - c_2$$

式中，c_1 为水样在培养前溶解氧的质量浓度，mg/L；c_2 为水样经 5 天培养后，剩余溶解氧的质量浓度，mg/L。

② 经过稀释的水样。

$$BOD_5(mg/L) = \frac{(c_1 - c_2) - (b_1 - b_2)f_1}{f_2}$$

式中，c_1，c_2 为培养前、后的溶解氧量，mg/L；b_1，b_2 为稀释水培养前、后的溶解氧量，mg/L；f_1 为稀释水在培养液中占的比例；f_2 为水样在培养液中占的比例。

2. BOD 库仑仪法

BOD 库仑仪是利用电化学库仑分析法测定生化需氧量的装置，如图 2-13所示，它由培养瓶、电解瓶、电极式压力计、电自动控制仪、记录仪等部件组成。与化学测定方法相比，此种装置能够保证不断地供氧。因此，此法简单，误差小，准确度高。

测定时，首先将水样装入培养瓶中，在 20℃ 的恒温下，利用电磁搅拌器进行搅拌。当水样中的有机物被微生物分解时，水中溶解氧被消耗，同时产生 CO_2。此时，由培养瓶内气相部分扩散来的氧溶入水样中，以补充所消耗

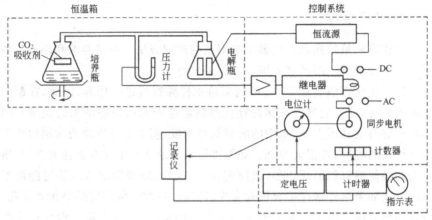

图 2-13　BOD 库仑仪

的溶解氧;而 CO_2 则被瓶内上端的吸收剂所吸收。因此,培养瓶内气相中的压力下降。

压力的下降由电极式压力计检出,并转换成电信号,使恒电流电解溶液。电解过程中产生的氧用以补充培养瓶中氧的消耗,使培养瓶内的压力恢复到原来的压力。此时,电极式压力计的电信号使电路断开,从而使溶液停止电解供氧。根据在恒电流的条件下,电解产生的氧与电解时间成正比关系,对电解时间进行积分,并转换为毫伏信号输出,由记录仪指示出氧的消耗量。

3. 微生物传感器快速测定法

测定水中 BOD 的微生物传感器由溶解氧电极和紧贴其透气膜表面的固定化微生物膜组成,为耗氧微生物 BOD 传感器结构。测定时水中 BOD 物质和氧分子一起扩散进入微生物膜,由于膜中微生物对 BOD 物质的生化降解作用耗氧,导致扩散进入氧电极表面的氧分子数目较电极接触不含 BOD 物质的水时减少,从而使电极输出电流减小。电极输出电流的减小量与 BOD 值之间有定量关系,可通过配制 BOD 标准系列,测定未知样品的 BOD 值。本法可在 20min 内完成一个水样的测定。

2.7.3　总有机碳

总有机碳(TOC)是以碳的含量表示水体中有机物质总量的综合指标。近年来,国内外已研制出各种 TOC 分析仪,TOC 分析仪的测定流程如图 2-14 所示。

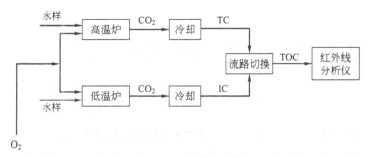

图 2-14 TOC 分析仪测定流程

该法的最低检出浓度为 0.5mg/L；测定上限浓度 400mg/L；若变换仪器灵敏度档次，可继续测定大于 400mg/L 的高浓度样品。

需要注意的是，该法可使水样中的有机物完全氧化，故比 BOD_5 或 COD 更能反映水样中有机物的总量；地表水中无机碳含量远高于总有机碳时，影响总有机碳的测定精度；地表水中常见共存离子如 SO_4^{2-}、Cl^-、NO_3^-、PO_4^{3-}、S^{2-} 无明显干扰，当共存离子浓度较高时，可影响红外吸收，用无二氧化碳水稀释后再测；水样含大量颗粒悬浮物时由于受水样注射器针孔的限制，测定结果往往不包括全部颗粒态有机碳。

2.7.4　挥发酚

酚类化合物主要来源于炼油、炼焦、煤气洗涤水、造纸、合成氨等工业排放的废水和废弃物。酚类对水生生物有毒。饮用水水源在加氯消毒时，氯与酚类生成具有强烈气味的氯酚，其嗅阈值由 180mg/L 降为 0.002mg/L。长期饮用含酚水对人体健康有影响。

挥发酚测定前需做预蒸馏分离。对于污染严重的水样，在蒸馏前要消除某些干扰物质。如加入过量的硫酸亚铁消除游离氯；加入硫酸铜以消除硫化物干扰以及用四氯化碳萃取以除去油类。

1. 4-氨基安替比林光度法

有氧化剂铁氰化钾存在下，酚类与 4-氨基安替比林在碱性条件下反应生成橘红色吲哚酚安替比林染料，有色溶液在 510nm 处有最大吸收。若用氯仿萃取染料，可在 460nm 处测定其吸光度。显色反应式为

（4-AAP）　　　　　　　（吲哚酚安替比林，橙红色）

显色时 pH 的控制很重要。在酸性条件下，试剂本身要发生缩合反应，生成红色化合物，带来干扰。一些芳香胺（如苯胺、甲苯胺、乙酰苯胺）也能与试剂显色，而在 pH 为 9.8～10.2 时，它们的干扰可以大大减少。

用此法进行测定时，有直接光度法和萃取光度法之分。直接光度法适用于含酚浓度在 0.1～5mg/L 的水样，萃取光度法用氯仿萃取，适用于含酚在 0.002～6mg/L 的水样。

2. 溴化滴定法

溴酸盐在酸性溶液中与溴化钾反应析出溴，溴与酚产生取代反应，生成三溴酚。加入碘化钾与多余的溴作用析出碘；最后用标准硫代硫酸钠滴定析出的碘，可以算得酚的量。所涉及的化学反应式为

$$KBrO_3 + 5KBr + 6HCl = 3Br_2 + 6KCl + 3H_2O$$
$$C_6H_5OH + 3Br_2 = C_6H_2Br_3OH + 3HBr$$
$$C_6H_2Br_3OH + Br_2 = C_6H_2Br_3OBr + HBr$$
$$Br_2 + 2KI = 2KBr + I_2$$
$$C_6H_2Br_3OBr + 2KI + 2HCl = C_6H_2Br_3OH + 2KCl + HBr + I_2$$
$$2Na_2S_2O_3 + I_2 = 2NaI + Na_2S_4O_6$$

此法适用于含高浓度酚污水中挥发酚的测定。

2.8　底质污染物的测定

底质监测项目有总汞、有机汞、铜、铅、锌、镉、镍、铬、砷化物、硫化物，有机氯农药，有机质等，视水体污染来源确定所测项目。常用方法有分光光度法、原子吸收光谱法、冷原子吸收法等。

1. 有机质含量测定

采用重铬酸钾容量法。在加热的条件下，用过量的 $K_2Cr_2O_7 - H_2SO_4$

溶液氧化底质中有机碳，以 $FeSO_4$ 标准溶液滴定剩余的 $K_2Cr_2O_7$，反应式为

$$2K_2Cr_2O_7 + 3C + 8H_2SO_4 = 2K_2SO_4 + 2Cr_2(SO_4)_3 + 3CO_2 + 8H_2O$$

$$K_2Cr_2O_7 + 6FeSO_4 + 7H_2SO_4 = K_2SO_4 + Cr_2(SO_4)_3 + 3Fe_2(SO_4)_3 + 7H_2O$$

测得有机碳的含量乘上经验系数 1.724，即为有机质的含量。在本方法加热条件下有机碳的氧化效率约为 90%，故对其结果还要乘一个校正系数 1.08。

$$有机质 = \frac{c(V_0 - V) \times 0.003 \times 1.724 \times 1.08}{m} \times 100\% \qquad (2-5)$$

式中，V 为滴定样品时消耗标准溶液体积，mL；V_0 为用灼烧过的土壤代替底质样品进行空白试验消耗的标准溶液体积，mL；m 为风干样品的质量，g；0.003 为以 1/4C 表示的摩尔质量，g/mol。

2. 有机氯农药的测定简介

采用气相色谱法。用丙酮和石油醚在索氏提取器上提取底质中六六六、DDT。提取液经水洗、净化后用带电子捕获检测器的气相色谱仪测定，用外标法定量，适用于土壤、底泥中六六六、DDT 的测定。

3. 其他项目（见表 2-6）

表 2-6　底质监测项目与分析方法

必测项目	样品消解与测定方法
总镉	盐酸-硝酸-高氯酸或盐酸-硝酸-氢氟酸-高氯酸消解 (1)萃取火焰原子吸收光谱法测定 (2)石墨炉原子吸收法测定
总汞	硝酸-硫酸-五氧化二钒或硝酸-高锰酸钾消解冷原子吸收法测定
总砷	(1)硫酸硝酸高氯酸消解，二乙基二硫代氨基甲酸银分光光度法 (2)盐酸硝酸高氯酸消解，硼氢化钾硝酸银分光光度法
总铅	盐酸-硝酸-氢氟酸高氯酸消解 (1)萃取火焰原子吸收法测定 (2)石墨炉原子吸收法测定
总铜	盐酸-硝酸-高氯酸或盐酸-硝酸-氢氟酸高氯酸消解，火焰原子吸收法测定
总铬	盐酸-硝酸-氢氟酸消解 (1)高锰酸钾氧化，二苯碳酰二肼分光光度法 (2)加氯化铵溶液，火焰原子吸收法

续表

必测项目	样品消解与测定方法
总锌	盐酸-硝酸-高氯酸（盐酸-硝酸-氢氟酸-高氯酸）消解，火焰原子吸收法
总镍	盐酸-硝酸-高氯酸（盐酸-硝酸-氢氟酸-高氯酸）消解，火焰原子吸收法
六六六、DDT	丙酮-石油醚提取，气相色谱法（电子捕获检测器）
pH	玻璃电极法
阳离子交换量	乙酸铵法

2.9　水体污染的生态治理

2.9.1　污水的生物处理

1. 活性污泥法

活性污泥法（Activated Sludge Process）的基本原理是利用人工培养和驯化的微生物群体降解污水中的有机污染物，从而达到净化污水的目的。活性污泥具有凝聚、吸附、氧化及分解污水中有机物的性能，从而使污水得到净化。

活性污泥法的基本流程见图 2-15，其主要设备是曝气池和二次沉淀池。污水和从二次沉淀池回流的活性污泥同时进入曝气池并进行充分混合接触。在溶解氧充足的曝气池中，污水中的污染物不断被微生物吸附和分解。经过一段时间的曝气后，污水中的有机污染物大部分被同化为微生物有机体，然后进入沉淀池。絮状化的活性污泥颗粒沉降至池底部，上清液即为处理过的水，可向外排放。一部分污泥回流到曝气池中，与未经处理的污水混合重复上述作用；另一部分污泥则成为剩余污泥被排出。活性污泥法的 BOD 去除率一般可达 90%，是采用较为广泛的生物处理方法。

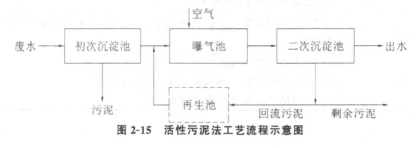

图 2-15　活性污泥法工艺流程示意图

2. 生物膜法

生物膜法(Biological Membrane Method)是一类使生物群体附着于其他物体表面而呈膜状,并让其与被处理污水接触而使之净化的污水生物处理法。

生物膜法的净化原理如图 2-16 所示,生物膜的表面吸附着一层薄薄的污水,称为"附着水层"。其外是能自由流动的污水,称为"运动水层"。当"附着水层"中的有机物被生物膜中的微生物吸附、吸收、氧化分解时,"附着水层"中有机物浓度随之降低,由于"运动水层"中有机物浓度高,便迅速地向"附着水层"转移,并不断地进入生物膜而被微生物分解。

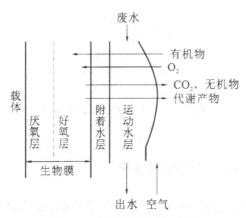

图 2-16　生物膜法的净化原理

3. 厌氧生物处理法

当废水中有机物浓度较高,BOD 超过 1500mg/L 时,就不宜用好氧处理法,而应该采用厌氧处理法。厌氧生物处理法(Anaerobic Treat ment of sewage)是在厌氧条件下,利用厌氧微生物分解污水中的有机物并产生甲烷和二氧化碳的方法。

厌氧法可以在较高的负荷下,实现有机物的高效去除,一般只用于预处理,要使废水达标排放,还需要进一步处理。厌氧发酵的生化过程可分为三个阶段,由相应种类的微生物分别完成有机物特定的代谢过程(图 2-17)。

第一阶段是水解阶段,由水解和发酵性细菌群将附着的复杂有机物(多糖、脂肪、蛋白质等)分解为单糖、氨基酸、脂肪酸及醇类等;第二阶段是酸化阶段,第一阶段的水解产物由各种产酸细菌代谢成简单的丁酸、丙酸、乙酸及甲醇等有机物,以及醇类、醛类、CO_2、硫化物、氢等,同时释放出能量;第三阶段是甲烷化阶段,由第二阶段产生的代谢产物在产甲烷菌的作用下进一步分解形成。虽然厌氧生化过程可分为以上三个阶段,但是在厌氧反应器中,三个阶段是同时进行的,并保持某种动态平衡。

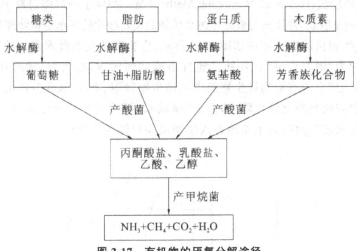

图 2-17 有机物的厌氧分解途径

2.9.2 污水的人工湿地处理系统

人工湿地(Artificial Wetland)是人工设计的、模拟自然湿地结构和功能的复合体,由水、处于水饱和状态的基质、挺水植物、沉水植物和动物等组成,并通过其中一系列生物、物理、化学过程实现污水净化。应用人工湿地生态系统处理废水,其净化效率优于氧化塘,运转费用低于常规的污水处理厂。湿地系统对 BOD 的去除率一般在 60%～95%,对 COD 的去除率可达 50%～90%,对 N、P 的去除率也在 60%～90%。

与其他的污水处理土地系统相比,人工湿地生态系统中的生物种类多种多样,并处于人为的控制之下,综合处理废水的能力受人工设计控制,处理能力完全可以超过自然湿地。

人工湿地生态系统净化污水的原理是湿地环境中所发生的物理、化学和生物作用的综合效应。包括沉淀,吸附,过滤,溶解,气化,固定化,离子交换,络合反应,硝化,反硝化,营养元素的摄取,生物转化和细菌、真菌的分解作用等过程。因此,在人工湿地生态系统中,对污水的净化起主要作用的是细菌的分解和转化作用。

2.9.3 污水的土地处理系统

利用土地以及其中的微生物和植物根系对污染物的净化能力来处理已经过预处理的污水或废水,同时利用其中的水分和肥分促进农作物、牧草或树木生长的工程设施称为土地处理系统(Land Treatment System)。土地处理系统将环境工程与生态学基本原理相结合,具有投资少、能耗低、易管理和净化效果好的特点。

土地处理的主要过程是:污水通过土壤时,土壤将污水中处于悬浮和溶解状态的有机物质截留下来,在土壤颗粒的表面形成一层薄膜,这层薄膜里充满着细菌,它能吸附污水中的有机物,并利用空气中的 O_2,在好氧细菌的作用下,将污水中的有机物转化为无机物;土地上生长的植物,经过根系吸收污水中的水分和被细菌矿化了的无机养分,再通过光合作用转化为植物的组成成分,从而实现将有害的污染物转化为有用物质的目的,并使污水得到净化处理。

污水土地处理系统一般由污水的预处理设施,污水的调节与储存设施,污水的输送、布水及控制系统,土地处理面积和排出水收集系统组成。因此土地处理系统是以土地为主的、统一的、完整的系统。

第3章　空气污染监测技术

人类正常的生命活动时刻都需要空气的参与,清洁的空气对生命来说至关重要。人类每天都要呼吸空气 2 万多次,摄入空气的量比饮水和食物的量要高得多。如果我们每天吸入的空气被污染,那将会对人体健康造成极大的危害,所以要控制空气污染,对空气进行分析与监测是很重要的。

3.1　概　　述

3.1.1　空气污染的概念

空气污染是指由于人类活动或自然过程产生的有害有毒等物质进入空气中,呈现出足够的浓度,达到足够的时间后破坏了空气正常的平衡体系,影响工农业的生产,并因此而危害人体的健康、舒适和福利或危害环境。

空气污染源分为自然污染源和人为污染源。具体概括如图 3-1 所示。

引起空气污染的有害物质称为空气污染物。空气污染物有多种类型,通常按污染物的形成过程和存在状态进行分类。

空气污染物按形成过程可分为一次污染物和二次污染物。一次污染物如 SO_2、NO_x、CO、碳氢化合物、颗粒物及颗粒物中含有的有毒重金属、强致癌物及其他多种有机无机物;二次污染物如硫酸与硫酸盐气溶胶、硝酸与硝酸盐气溶胶、臭氧、醛类、过氧乙酰硝酸酯(PAN)等。

空气污染物按存在状态可分为气态污染物和气溶胶污染物。气态污染物包括气态和蒸气态。气态是指某些污染物质,如二氧化硫、一氧化碳、氮氧化物、氯气、氯化氢、臭氧等在常温常压下以气体形式分散于大气中的污染物;蒸气态,是指某些污染物质,在常温常压下是液体或固体(如苯、丙烯醛、汞是液体,酚是固体),只是由于它们的沸点或熔点较低,较易挥发,因而以蒸气态挥发到空气中。

气态污染物由于运动速度快、扩散快,并且在空气中的分布较均匀,所以它们常能传播到很远的地方。

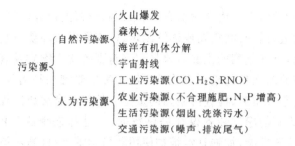

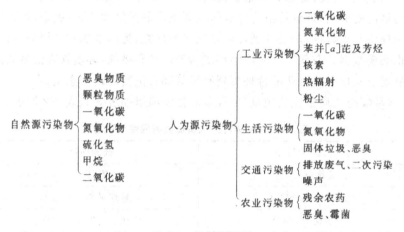

图 3-1　空气污染源

气溶胶指沉降速度可以忽略的固体粒子、液体粒子或固体和液体粒子在气体介质中的悬浮体。粉尘、烟、煤烟、尘粒、轻雾、浓雾、烟气等都是用来描述气溶胶状态的一些常用名词。通常又将其分为降尘和可吸入颗粒物（飘尘）。

降尘：一般系指粒径大于 $10\mu m$ 的较大尘粒，在空气中，由于重力作用，在较短时间内沉降到地面的粒子。在静止的空气中 $10\mu m$ 以下的尘粒也能沉降。

可吸入颗粒物（PM_{10}）：系指能长期飘浮在空气中的气溶胶粒子，其粒径小于 $10\mu m$。

总悬浮颗粒物（TSP）：一般指粒径小于 $100\mu m$ 的颗粒物。

3.1.2　空气监测的目的和项目

空气污染监测是环境保护工作的耳目。它可以侦察有害物质的来源、分布、数量、动向、转化及消长规律等，为消除危害、改善环境、保护人民健康提供资料。

　　空气监测,就是用科学的布点、采样和分析测量方法等对空气污染物或环境行为进行长时间定期或连续测定,以获取反映环境质量代表值的过程。

　　目前,空气监测的主要对象是有害有毒的化学物质及有关的气象因素。根据具体监测项目的情况和要求,大气污染监测往往有不同的监测目的。一是判断空气质量,检查污染物的量是否符合国家法律法规、行业标准的规定,同时为新的净化装置设计提供数据;二是加强企业环保管理,评价"废气"净化装置性能,加强日常维护使用和科学管理;判断污染程度;三是通过对污染源的监测,评价污染物排放情况和造成的污染程度,为确定污染控制措施提供基础数据;四是开展环境监测科学研究,为污染源和环境质量评价提供必要数据。空气监测对防治环境污染途径和措施,环境管理法规,标准的制定以及城市或企业的合理规划布局等都有重要的现实意义。

　　《环境空气质量监测规范》中规定的监测项目如表 3-1、表 3-2 所示。

表 3-1　国家环境空气质量监测网监测项目

必测项目	选测项目
二氧化氮(NO_2)	铅(Pb)
二氧化硫(SO_2)	总悬浮颗粒物(TSP)
一氧化碳(CO)	苯并[a]芘(B[a]P)
可吸入颗粒物(PM_{10})	氟化物(F)
臭氧(O_3)	有毒有害有机物

表 3-2　空气环境自动监测系统监测项目

必测项目
二氧化硫、二氧化氮、臭氧、一氧化碳、可吸入颗粒物(PM_{10})

3.2　空气污染监测方案的制定

　　要想得到一个准确的监测结果,一个科学合理的监测方案必不可少。在制定方案时,以监测目的为基础,先对基础资料进行收集,随后确定监测项目,选择采样点,选择采样方法、采样频率以及监测技术,最后得出结果。

　　选择采样点时,可采用扇形布点法(图 3-2)、同心圆布点法(图 3-3)以及网格布点法(图 3-4)三种方法。它们各自适用的情形不同,扇形布点法主要适用孤立源(高架点源)的情况,同心圆布点法主要适用于多个污染源(污染群)且重大污染源较集中的情况,网格布点法适用人口分布较广的情况。

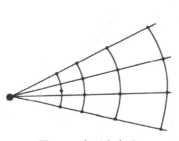

图 3-2　扇形布点法

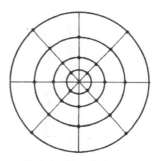

图 3-3　同心圆布点法

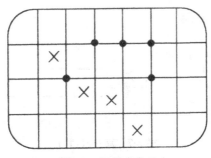

图 3-4　网格布点法

3.3　空气样品的采集

合理使用采样方法和仪器,是保证监测质量的重要因素之一。

3.3.1　采集方法

根据待测污染物是否需要富集,大气样品的采集方法一般分为直接采样法和富集(浓缩)采样法两种。

1. 直接采样法

直接采样法是直接采集气体样品进行检测的采集方法之一,只适用被测组分浓度较高或检测技术灵敏度高的情况。此时,测得的结果为被测组分的平均浓度。常用的采样器具包括注射器(图 3-5)、塑料袋(图 3-6)、真空瓶(管)(图 3-7)等。

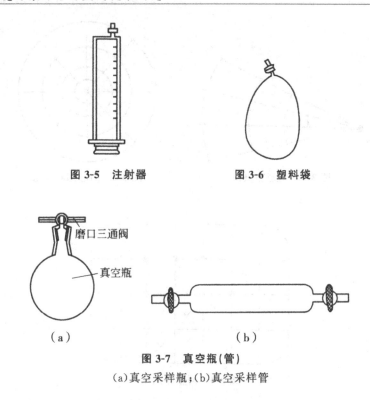

图 3-5　注射器　　　　图 3-6　塑料袋

（a）　　　　　　　　　（b）

图 3-7　真空瓶(管)

(a)真空采样瓶；(b)真空采样管

注射器直接抽取样品时先适用现场空气抽洗两三次,密封后送往实验室检测分析,塑料袋操作与注射器类似,真空瓶(管)在采样前,先用真空泵将采气瓶(瓶外套上安全保护套,以防瓶子炸裂)内抽成剩余压力为 p_1 的环境(图 3-8),然后关闭旋塞,采样时打开旋塞,借助瓶内负压使被测气体进入瓶内至瓶内气压为 p(一般为当地空气压)后关闭旋塞,采样体积 V 按下式计算:

$$V = V_1 \times \frac{p - p_1}{p}$$

式中,V_1 为真空瓶容积。

2. 富集采样法

当被测组分浓度较低时,可采用富集采样法收集气体,采样时间较直接采样法要长,但结果更为准确。

(1)溶液吸收法

溶液吸收法一般用于气态和蒸气态以及某些气溶胶物质的采集。吸收原理是被测组分与吸收液发生化学反应,随后通过测定待测物质即可计算被测组分的浓度。如图 3-9 所示为各种结构的吸收瓶(管)。

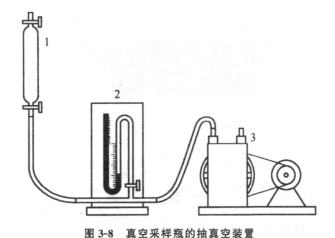

图3-8　真空采样瓶的抽真空装置

1—真空采样瓶；2—闭管压力计；3—真空泵

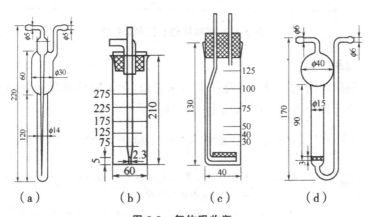

（a）　　　　（b）　　　　（c）　　　　（d）

图3-9　气体吸收瓶

（a）气泡吸收管；（b）冲击式吸收瓶；

（c）多孔筛板吸收管；（d）玻璃筛板吸收瓶

（2）固体阻留法

固体阻留法包括填充柱阻留法和滤料阻留法两种。

1）填充柱阻留法

填充柱阻留法将空气气体通过填充柱（内有填充剂），被测组分吸附、溶解在填充柱内，或与填充柱发生化学反应而被阻留，再采取措施将被测组分从填充剂中分离，如图3-10所示。

例如，如图3-11所示为采用标准活性炭管和硅胶管，用硬质玻璃制造的填充柱，两端附有塑料套帽，采样后可直接密封，对气体和蒸气吸附力强。

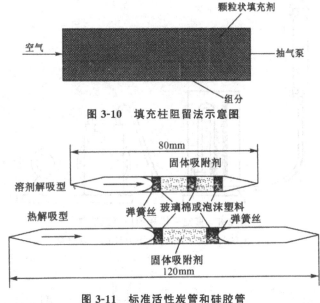

图 3-10 填充柱阻留法示意图

图 3-11 标准活性炭管和硅胶管

2)滤料阻留法

滤料阻留法的原理与填充柱阻留法类似，起到阻留被测组分的核心是滤料。常用的滤料有如图 3-12 所示的几类。

- 滤料
  - 纤维状滤膜
    - 滤纸：由植物纤维组成，孔隙小、阻力大，测金属尘粒吸收性强，利于重量法测颗粒物
    - 颗粒纤维：超细玻璃纤维组成，孔隙不规则，耐高温，耐腐蚀，常采飘尘，阻力小，吸附物可洗脱
    - 过氯乙烯滤膜：由过氯乙烯纤维组成，阻力小，可用有机溶剂完全溶解进行分析，测定颗粒物分散度、测定化学成分
  - 筛孔状滤膜
    - 核孔滤膜：微孔滤膜，核孔滤膜，把聚碳酸酯覆盖铀箔上，用中子轰击铀分裂，穿过滤膜微孔，再经化学处理后制成常用做精密重量分析
    - 银薄膜：银粒烧结成膜，结构与微孔膜相似，能耐高湿，抗腐蚀，适用于采集酸、碱、煤焦油、沥青、有机物等

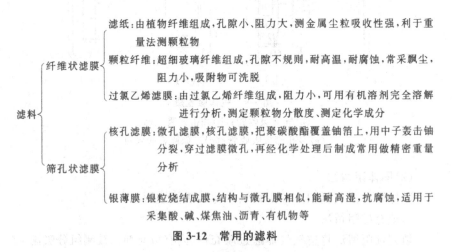

图 3-12 常用的滤料

滤料可以阻留空气中的气溶胶颗粒物，采样时，气体被抽气装置抽取，被测组分阻留在滤料上，通过称量滤料通过气体前后的质量差以及通过的气体总量即可计算被测组分的浓度，如图 3-13 所示。

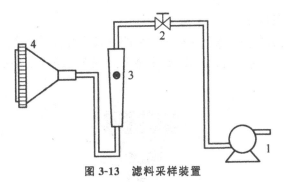

图 3-13　滤料采样装置

1—抽气装置；2—流量调节阀；3—流量计；4—采样夹

（3）低温冷凝法

低温冷凝法通过降低温度使空气中沸点较低的气态污染物质冷凝成液体进行收集的方法。一般适用于采集烯烃类、醛类等，装置如图 3-14 所示。

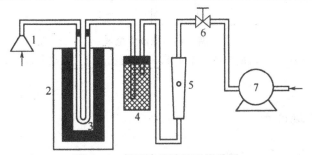

图 3-14　低温冷凝浓缩采样装置

1—空气入口；2—制冷槽；3—样品浓缩管；
4—水分过滤器；5—流量计；6—流量调节阀；7—泵

采样时，将 U 形或蛇形采样管插入冷阱（图 3-15）中，分别连接采样入口和泵即可采样。

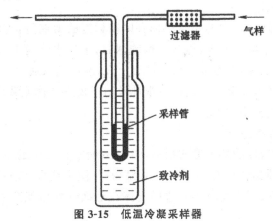

过滤器　　气样

采样管

致冷剂

图 3-15　低温冷凝采样器

（4）自然积集法

自然积集法是利用大气中被测组分的自然重力、空气扩散作用等来采集气体，一般适用于自然降尘量、氟化物等物质的收集，收集装置如图 3-16 所示。

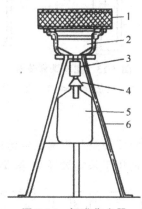

图 3-16   标准集尘器

1—网；2—收集漏斗；3—橡胶管；4—倒置漏斗；5—收集瓶；6—支架

3.3.2   采样仪器

1. 采样器组成部分

空气污染物监测多采用动力采样法，其采样器主要由收集器、流量计和采样动力三部分组成。收集器前面已有介绍，在此不再赘述。现对流量计进行介绍。

流量计主要用来测量气体的流量，测量装置不同，种类不同。

（1）皂膜流量计

皂膜流量计（图 3-17）是一根标有体积刻度的玻璃管，管的下端有一支管和装满肥皂水的橡胶球，当挤压橡胶球时，肥皂水液面上升，由支管进入的气体便吹起皂膜，并在玻璃管内缓慢上升，准确记录通过一定体积气体所需的时间，即可得知流量。这种流量计常用于校正其他流量计，在很宽的流量范围内，误差皆小于 1%。

（2）毛细管流量计

毛细管流量计的外表形式很多，图 3-18 所示是其中的一种。它是根据流体力学原理制成的。当气体通过毛细管时，阻力增大，线速度（即动能）增大，而压力降低（即位能减小），这样气体在毛细管前后就产生压差，借流量计中两液面高度差（Δh）显示出来。

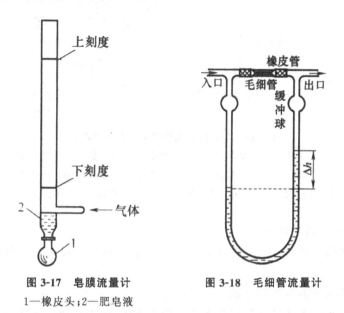

图 3-17　皂膜流量计

1—橡皮头；2—肥皂液

图 3-18　毛细管流量计

2. 专用采样器

将收集器、流量计、采样动力及气样预处理、流量调节、自动定时控制等部件组装在一起，就构成了专用采样器。专用采样器一般分为空气采样器和颗粒物采样器。

（1）空气采样器

用于采集空气中气态和蒸气态物质，采样流量为 0.5～2.0L/min，一般可用交流、直流两种电源供电，其工作原理如图 3-19（携带式）和图 3-20（恒温恒流式）所示。

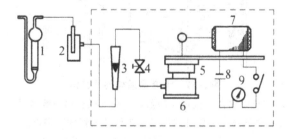

图 3-19　携带式空气采样器工作原理

1—吸收管；2—滤水阱；3—转子流量计；4—流量调节阀；

5—抽气泵；6—稳流器；7—电机；8—电源；9—定时器

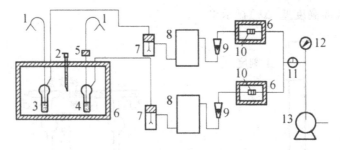

图 3-20　恒温恒流式空气采样器工作原理

1—进气口；2—温度计；3—二氧化硫吸收瓶；4—氮氧化物吸收瓶；

5—三氧化铬-石英砂氧化管；6—恒温装置；7—滤水阱；8—干燥器；

9—转子流量计；10—尘过滤膜及限流孔；11—三通阀；12—真空表；13—泵

（2）颗粒物采样器

颗粒物采样器有总悬浮颗粒物（TSP）采样器和可吸入颗粒物（PM_{10}）采样器。

1）总悬浮颗粒物采样器

这种采样器按其采气流量大小分为大流量、中流量和小流量三种类型。

大流量采样器的结构如图 3-21 所示，一般用于测定颗粒物中的金属、无机盐及有机污染物等组分。

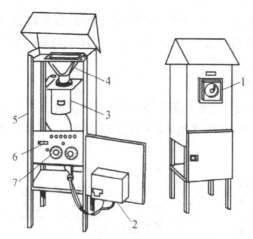

图 3-21　大流量采样器的结构

1—流量记录仪；2—流量控制器；3—抽气风机；4—滤料采样夹；

5—壳体；6—工作计时器；7—工作计时器的程序控制器

中流量采样器的装置如图 3-22 所示，工作原理与大流量采样器类似，区别在于采样面积和流量小一些。

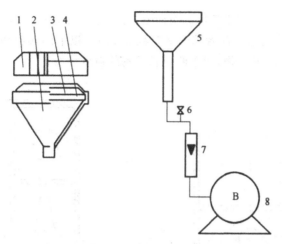

图 3-22　中流量 TSP 采样器

1—采样头盖；2—采样头座；3—滤膜架；4—滤膜；

5—采样头；6—流量计阀；7—流量计；8—采样泵

2)可吸入颗粒物(PM_{10})采样器

采集可吸入颗粒物广泛使用大流量采样器。有一部分可吸入颗粒的粒径大于 $10\mu m$，在采样器中必须配置分尘器用来分离。分尘器有旋风式(图 3-23)、向心式(图 3-24)、撞击式等多种。它们又分为二级式和多级式，

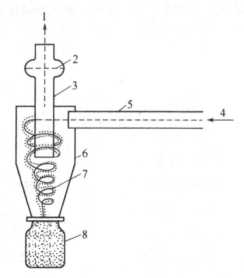

图 3-23　旋风分尘器原理示意图

1—空气出口；2—滤膜；3—气体排出管；4—空气入口；5—气体导管；

6—圆筒体；7—旋转气流轨线；8—大颗粒收集器

如多段向心式采样器原理示意图如图 3-25 所示；多段撞击式采样器原理示意图如图 3-26 所示。前者用于采集粒径 $10\mu m$ 以下的颗粒物，后者可分级采集不同粒径的颗粒物，用于测定颗粒物的粒度分布。

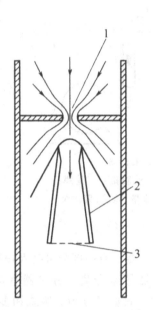

图 3-24　向心式分尘器原理示意图
1—空气喷孔；2—收集器；3—滤膜

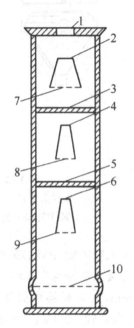

图 3-25　多段向心式采样器原理示意图
1,3,5—孔；2,4,6—收集器入口；
7,8,9,10—滤膜

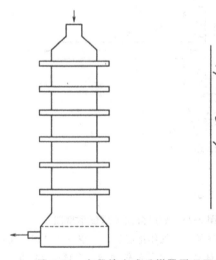

图 3-26　多段撞击式采样器原理示意图

3.4　气态和蒸气态污染物质的测定

1. 二氧化硫的测定

二氧化硫是大气的主要污染物之一,主要来源于煤和石油产品的燃烧、含硫矿石的冶炼、硫酸等化工产品生产排出的废气。在大气对流层中SO_2的平均浓度为 $0.0006mg/m^3$,污染城市SO_2的平均浓度为 $0.29\sim0.43mg/m^3$。SO_2可造成植物叶片脱落甚至枯死,还可对呼吸道黏膜造成损害,危害较大。因此,二氧化硫作为空气中最常见的污染物之一,是环境空气质量例行监测的必测项目。

常用来检测SO_2的方法有以下几种。

(1)四氯汞钾溶液吸收-盐酸副玫瑰苯胺分光光度法

该法是国内外广泛采用的测定环境空气中SO_2的标准方法,具有灵敏度高、选择性好等优点,但吸收液毒性较大。该法检出限为 $0.15\mu g/5mL$,测定范围 $0.015\sim0.500mg/m^3$。

空气中的SO_2被四氯汞钾溶液吸收后,生成稳定的二氯亚硫酸盐络合物,该络合物再与甲醛及盐酸副玫瑰苯胺作用,生成紫色络合物,其颜色深浅与SO_2含量成正比,用分光光度法测定。反应式如下:

$$HgCl_2+2KCl \Longrightarrow K_2[HgCl_4]$$

$$[HgCl_4]^{2-}+SO_2+H_2O \Longrightarrow 2H^++2Cl^-+[HgCl_2SO_3]^{2-}$$

(二氯亚硫酸合汞(Ⅱ)配离子)

$$[HgCl_2SO_3]^{2-}+HCHO+2H^+ \Longrightarrow HgCl_2+HOCH_2SO_3H$$

(羟基甲基磺酸)

(盐酸副玫瑰苯胺,俗称品红)

(紫色络合物)

测定时,以 50mL 四氯汞钾吸收液采样 24h,控制最终显色 pH 为 1.6 ±0.1,最低检测限为 0.75μg/25mL。

(2)甲醛吸收-副玫瑰苯胺分光光度法

甲醛吸收-副玫瑰苯胺分光光度法原理基本与四氯汞钾溶液吸收-盐酸副玫瑰苯胺分光光度法相同,差别在于SO_2 的吸收剂不同,一种用四氯汞钾吸收液,另一种用甲醛缓冲液。

若用 10mL 吸收液采样 30L,测定下限为 0.007mg/m³;若用 50mL 吸收液连续 24h 采样 300L,取出 10mL 样品测定时,测定下限为 0.003mg/m³。

2. 氮氧化物的测定

氮的氧化物有 NO、NO_2、N_2O_3、N_3O_4、N_2O_5 等多种形式。大气中的氮氧化物主要是以一氧化氮(NO)和二氧化氮(NO_2)的形式存在。空气中的氮氧化物对人眼、皮肤和呼吸器官均有刺激性,是引起支气管炎、哮喘、肺损害等疾病的有害物质,也是形成酸雨的污染物。

(1)盐酸萘乙二胺分光光度法

盐酸萘乙二胺分光光度法是 2008 年修订后的 GB/T 15436—1995 方法。空气中的NO_2 被吸收转变成亚硝酸和硝酸。在无水乙酸存在的条件下,亚硝酸与对氨基苯磺酸发生重氮化反应,然后再与盐酸萘乙二胺偶合,生成玫瑰红色偶氮染料,其颜色深浅与气样中NO_2 浓度成正比,因此,可用分光光度法测定。吸收及显色反应如下:

$$2NO_2 + H_2O \Longrightarrow HNO_2 + HNO_3$$

(玫瑰红色偶氮染料)

该方法按图 3-27 所示连接好采样装置进行采样。

测定时用$NaNO_2$ 配制标准系列溶液,并加显色吸收液进行显色,定容处理后在 540nm 处测定标准色列的吸光度,绘制标准曲线。采样后,按同样的方法对吸收液进行定容后测定样品的吸光度,再分别计算空气中NO_2、NO 和NO_x 的浓度。

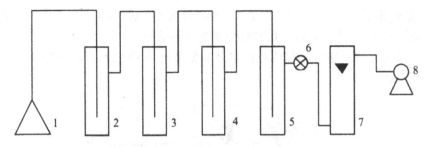

图 3-27 空气中 NO_2、NO 采样示意图

1—空气入口；2—显色吸收液瓶；3—酸性高锰酸钾溶液氧化瓶；

4—显色吸收液瓶；5—干燥瓶；6—止水夹；7—流量计；8—抽气泵

（2）化学发光法

化学发光 NO_x 监测仪（又称氧化氮分析器）可用于氧化氮的分析，它是根据一氧化氮和臭氧气相发光反应的原理制成的。被测样气连续被抽入仪器，氧化氮经 NO_2-NO 转化器后，以一氧化氮的形式进入反应室，再与臭氧反应产生激发态二氧化氮（NO_2^*），当 NO_2^* 回到基态时放出光子（$h\nu$）。反应式如下：

$$2NO_2 \xrightarrow[M]{\Delta} 2NO + MO_2$$

$$NO + O_3 \longrightarrow NO_2^* + O_2$$

$$NO_2^* \longrightarrow NO_2 + h\nu$$

式中，M 为 NO_2-NO 转化器中转化剂；h 为普朗克常数；ν 为光子振动频率。

化学发光法可直接测定 NO_x 的总量，要测量 NO 和 NO_2，则只要在流量计的后面接一个三通阀，一路直通反应室，另一路经转化后再通过反应室。测定时，通过三通阀的切换，既可测得气样中 NO 的含量，又可测得 NO_x 的总量，二者之差即为 NO_2 的含量。

3. 一氧化碳的测定

空气中的 CO 主要来自于石油、煤炭燃烧不充分的产物和汽车排气、火山爆发等。CO 进入人体后，容易使血液中的血红蛋白（Hb）不运输氧气，造成人体缺氧，严重时可导致人体死亡。

（1）非分散红外吸收法

非分散红外吸收法是依据气态 CO 分子对特征波长的吸收强度与 CO 分子的浓度之间的关系遵守朗伯-比尔定律而进行定量的。在吸收波长 $4.5\mu m$ 处，通过一定光路后测出吸收强度即可得到 CO 的浓度。

CO 特征吸收峰为 $4.65\mu m$，CO_2 特征吸收峰为 $4.3\mu m$，水蒸气为 $3\mu m$

和 $6\mu m$ 附近。为防止空气中的 CO_2 和水蒸气的干扰,可在测定前采取窄光带除去 CO_2,制冷或通过干燥剂除去水蒸气等措施。

非分散红外吸收法的核心仪器是非分散红外 CO 分析仪,其结构原理如图 3-28 所示。

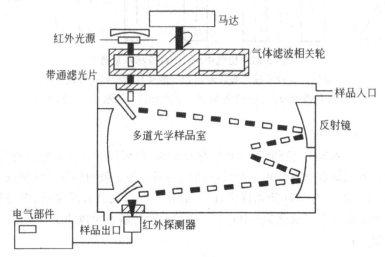

图 3-28 非分散红外 CO 分析仪

(2)间接冷原子吸收法(置换汞法)

间接冷原子吸收法的原理是:气态 CO 与 HgO 在 $180\sim200℃$ 时发生置换反应,置换出气态汞,采用冷原子吸收测汞仪在 253.7nm 测定气态汞的吸光度,得到气态汞的含量,从而计算出 CO 的浓度。置换反应式如下:

$$CO(g)+HgO(s) \xrightarrow{180\sim200℃} Hg(g)+CO_2(g)$$

汞置换法 CO 测定仪的工作流程如图 3-29 所示。

4. 臭氧的测定

空气中的臭氧 O_3 一般采用紫外光度法进行测定。含 O_3 的空气样品进入吸收池,测得光强度为 I;通过 O_3 过滤器的空气样品进入吸收池的光强度为 I_0,则 I/I_0 为透光率。仪器的微处理系统根据朗伯-比尔定律由透光率计算 O_3 浓度。

$$\ln\frac{I}{I_0}□=-acd$$

式中,I/I_0 为 O_3 样品的透光率,即样品空气和零空气样品的光强度之比;c 为采样温度、压力条件下 O_3 的质量浓度,$\mu g/m^3$;d 为光程,m;a 为 O_3 在 253.7nm 处的吸收系数。

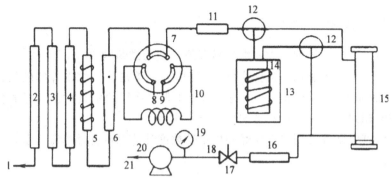

图 3-29　汞置换法 CO 测定仪工作流程

1—进气口；2—分子筛过滤管；3—活性炭过滤管；4—硫酸亚汞硅胶过滤管；

5—霍加特氧化管；6—气体流量计；7—六通阀；8—进样口；9—出样口；

10—定量管；11—分子筛小管；12—三通转换阀；13—反应炉；14—氧化汞反应室；

15—吸收池；16—碘-活性炭吸附管；17—流量调节阀；18—毛细孔；

19—真空表；20—真空泵；21—出气口

双光路型紫外光度法 O_3 监测仪的工作原理如图 3-30 所示。

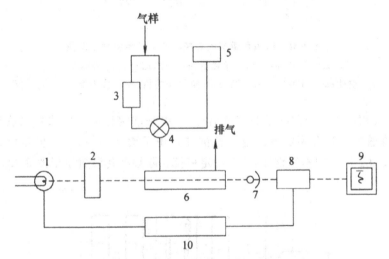

图 3-30　紫外光度法 O_3 分析仪工作原理

1—紫外光源；2—单色器；3—O_3 去除器；4—电磁阀；5—标准 O_3 发生器；

6—气室；7—光电倍增管；8—放大器；9—记录仪；10—稳压电源

该法具有操作简便、无须试剂、准确度好、灵敏度高、响应快等优势，可连续自动监测，在国际上得到了广泛的认可。适用于测定环境空气中 O_3 的浓度范围为 $2\,\mu g/m^3 \sim 2mg/m^3$。

5. 总烃和非甲烷烃

污染环境空气的烃类一般指具有挥发性的碳氢化合物($C_1 \sim C_8$),一般将甲烷在内的碳氢化合物称为总烃(THC),一类是除甲烷以外的碳氢化合物,称为非甲烷烃(NMHC)。测定总烃和非甲烷烃的意义在于二者的含量对判断和评价空气质量有着明显的指示作用。

以氮气做载气测定甲烷烃和以甲烷浓度计的总烃含量的流程示意图见图 3-31。

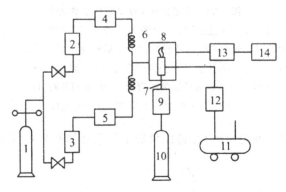

图 3-31　气相色谱法测总烃和非甲烷烃流程示意图

1—氮气瓶;2,3,9,12—净化器;4,5—六通阀;6—GDX-502 柱;

7—空柱;8—FID;10—氢气瓶;11—空气压缩机;13—放大器;14—记录仪

气相色谱仪上并联了两根色谱柱,一根是硅烷化玻璃微珠阻尼色谱柱(或在管壁上涂有固定液的空心色谱柱),用于测定总烃;另一根是填充了 GDX-502 担体的不锈钢柱,用于测定甲烷。除烃净化装置示于图 3-32。

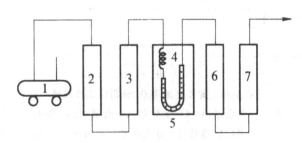

图 3-32　除烃净化装置

1—空气压缩机;2,6—硅胶管与 5A 分子筛管;3—活性炭管;

4—预热管;5—高温管式炉(U 形管内装钯-6201 催化剂,炉温 450～500℃);

7—碱石棉管

6. 硫酸盐化速率的测定

硫酸盐化速率是指空气中含硫污染物变为硫酸雾和硫酸盐雾的速度。燃料燃烧,含硫矿石的冶炼,化工、炼油和硫酸厂等生产过程均会产生 SO_2、H_2S 等含硫污染物。这些污染物在阳光或空气中经过一系列氧化演变和反应,最终形成危害更大的硫酸雾和硫酸盐雾,使空气能见度降低,而且其毒性和刺激作用比二氧化硫强约 10 倍,对人体和环境损害极大。测定硫酸盐化速率的方法有很多,现对二氧化铅-重量法这一方法进行简要介绍。

该法最低检出浓度为 $0.05[SO_3 , mg/(100cm^2 \ PbO_2 \cdot d)]$。监测原理为空气中的 SO_2、硫酸雾、H_2S 等与 PbO_2 反应生成 $PbSO_4$,用 Na_2CO_3 溶液处理,使硫酸铅转化为碳酸铅,过滤除去碳酸铅,滤液经酸化除去碳酸盐后,再加入 $BaCl_2$ 溶液,生成 $BaSO_4$ 沉淀,用重量法测定,结果以每日在 $100cm^2$ 的二氧化铅面积上所含 SO_3 的毫克数表示。采样与处理过程的反应式如下:

用 PbO_2 管采样:

$$SO_2 + PbO_2 \longrightarrow PbSO_4$$

$$H_2S + 2PbO_2 + O_2 \longrightarrow PbSO_4 + PbO + H_2O$$

预处理:

$$PbSO_4 + Na_2CO_3 \longrightarrow PbCO_3 \downarrow + Na_2SO_4$$

过滤后酸化:

$$Na_2SO_4 + BaCl_2 \longrightarrow BaSO_4 + 2NaCl$$

3.5 颗粒物的测定

空气中颗粒物的测定项目有:自然降尘量、总悬浮颗粒物浓度、可吸入颗粒物浓度等。

3.5.1 自然降尘量的测定

自然降尘(简称降尘)指在大气环境条件下,单位时间靠重力自然沉降于单位面积上的颗粒物量。自然降尘颗粒物的粒径一般较大,多在 $100\mu m$ 以上,常含有硫酸盐、氯化物、焦油等物质。通过测定自然降尘量,可判断大气污染的程度。

测定降尘量时,首先需要对降尘进行采集。一般使用装有乙二醇水溶液(收集液)的集成缸并将其置于检测区进行布点采样。采样结束后的操作过程如下:

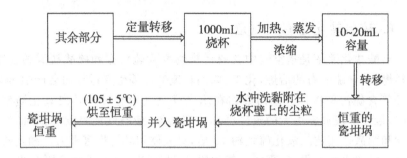

按下式计算降尘量：

$$降尘量[t/(km^2 \cdot 30d)] = \frac{m_1 - m_0 - m_a}{S \cdot n} \times 30 \times 104$$

式中，m_1 为蒸干后的恒重，g；m_0 为蒸干所用的瓷坩埚的重量，g；m_a 为加入的乙二醇水溶液经蒸发和烘干至恒重后的重量，g；S 为集尘缸口的面积，cm²；n 为采样天数（精确到 0.0d）。

降尘中含有其他物质，如可燃性物质、水溶性物质、非水溶性物质、灰分、硫酸盐、焦油、氯化物的分析过程示意见图 3-33。其结果以 [g/m² × 月] 表示。

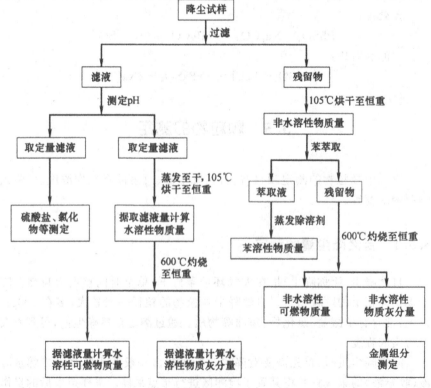

图 3-33　降尘组分分析过程

可燃物质总量＝水溶性可燃物质量＋非水溶性可燃物质量

灰分总量＝水溶性物质灰分量＋非水溶性物质灰分量

3.5.2　总悬浮颗粒(TSP)的测定

空气中的总悬浮颗粒(TSP)可作为气态和蒸气态污染物质的载体,可对人体和环境造成严重污染。总悬浮颗粒(TSP)的成分较为复杂,具有较为特殊的理化特性和生物活性,目前,常用来监测的方法是滤膜捕集-重量法(GB/T 15432—1995)。该法一般采用大流量或中流量采样,检测限为 0.001mg/m^3。

大流量采样法使用大流量采样器连续采样 24h,结果计算如下:

$$\text{TSP(mg/m}^3) = \frac{m_2 - m_1}{V_n} \times 10^3$$

式中,m_1 为采样前滤膜的质量,g;m_2 为标准状况下的采样后滤膜的质量,g;V_n 为换算成标准状态下的采样体积,m^3。

3.5.3　可吸入颗粒物的测定

可吸入颗粒物(PM_{10})主要是指透过人的咽喉进入肺部的气管、支气管和肺泡的那部分颗粒物,具有 d_{50} (质量中值直径)＝$10\mu\text{m}$ 和上截止点 $30\mu\text{m}$ 的粒径范围,常用 PM_{10} 符号表示。PM_{10} 可长期飘浮在空气中,并可随风运动,对环境和人体健康的危害较大,是室内外环境空气质量的重要监测指标。

目前,多采用重量法测定 PM_{10} 的浓度,方法是:首先用切割粒径 $d=(10\pm1)\mu\text{m}$、s_g (几何标准偏差)＝(1.5 ± 0.1) 的切割器将大颗粒物分离,小于 $10\mu\text{m}$ 的颗粒物被收集在预先恒重的滤膜上,采样后,用镊子将滤膜有尘面向里对折放入滤膜袋内,做好记录,放入干燥器内 24h 后,称重,计算 PM_{10} 的浓度。结果如下:

$$\text{PM}_{10}(\text{mg/m}^3) = \frac{m_2 - m_1}{V_n} \times 10^3$$

式中各参数意义同上。

此外,还可采用压电晶体差频法、光散射法测定。

压电晶体差频法以石英谐振器为测定 PM_{10} 的传感器,其工作原理如图 3-34 所示。采集的气样经大粒子切割器剔除大颗粒物,PM_{10} 进入测量气室。测量石英谐振器的质量增值,即采集的 PM_{10} 质量,mg。

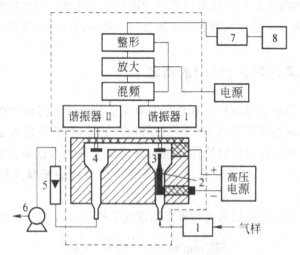

图 3-34　石英晶体PM$_{10}$测定仪工作原理

1—大粒子切割器;2—高压放电针;3—测量石英谐振器;4—参比石英谐振器;

5—流量计;6—抽气泵;7—浓度计算器;8—显示器

　　光散射法的测定原理基于:悬浮颗粒物对光的散射作用,其散射光强度与颗粒物浓度成正比。图 3-35 所示为一种光散射法PM$_{10}$监测仪的工作原理。由抽气风机以一定流量将空气经入口大粒子切割器抽入暗室,空气中PM$_{10}$在暗室中检测器的灵敏区(图中斜线部分)与由光源经透镜射出的平行光作用,产生散射光,被与入射光成直角方向的光电转换器接收,经积分、放大后,转换成每分钟脉冲数,再用标准方法校正成质量浓度显示和记录。

3.6　空气降水监测

　　在降水或降雪过程中,很多污染物质都会溶解其中,因此,对空气降水进行监测,对其中的污染成分进行分析,可为判断空气质量提供一定的依据。

1. 采样点的布设

　　采样点设置要考虑区域的环境特点,兼顾城区、农村或清洁对照区,如地形、气象条件、工农业分布等。采样点应尽可能避开排放酸、碱物质和粉尘的局地污染源,四周应开阔无遮挡物,防止雨水或雪下落过程中被阻挡,测定结果不准确。

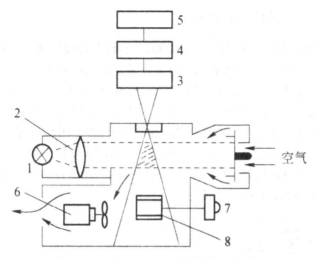

图 3-35　光散射法PM$_{10}$监测仪的工作原理

1—光源；2—透镜；3—光电转换器；4—积分电路；5—计数显示器；

6—抽气风机；7—切换控制板；8—标准散射板

2. 采样器

采集雨水可用聚乙烯塑料桶或玻璃缸，随着技术发展，目前多使用自动采样器进行采样，如图 3-36 所示为一种分段连续雨水自动采样器。

采集雪水的采样器为聚乙烯制的塑料容器，上口直径 0.5m。

空气降水监测的项目和监测方法与第 2 章所述的项目测定方法相同，在此不再赘述。

3.7　污染源监测

3.7.1　固定污染源监测

对固定污染源进行监测的目的是掌握排放的主要污染物种类、排放浓度和排放总量及其发展趋势，掌握产生废气的生产工艺过程及生产设施的性能。

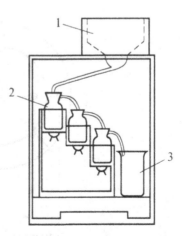

图 3-36　分段连续雨水自动采样器

1—接水器；2—采水瓶；3—烧杯

1. 采样位置和采样点布设

应根据监测目的,在调查研究的基础上,综合分析后确定采样位置及采样点数目。目前,固定污染源的采样主要是对烟道颗粒物进行采样。

圆形烟道的采样孔的位置如图 3-37 所示,该烟道上分布有一定数量的同心等面积圆环,各个圆环与互相垂直的两条直径的交点即可作为测点,其中一条直径线应穿过预期浓度变化最大的平面,当圆形烟道弯头后,该直径线应处于弯头所在的平面 $A—A$ 内(图 3-38)。测点的数目与圆形烟道的等面积圆环数、烟道直径有关,数目一般为 1~20,测点与烟道之间的距离如图 3-39 所示(D 为烟道直径)。

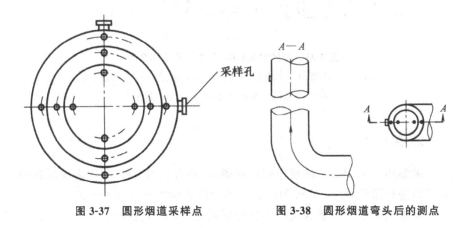

图 3-37　圆形烟道采样点　　　　　图 3-38　圆形烟道弯头后的测点

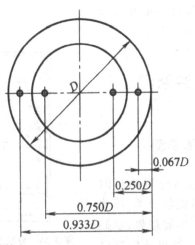

图 3-39　采样点距烟道内壁距离

烟道形状为矩形或方形时,采样孔设置在测点在内的延长线上,测点所在的延长线将烟道分为面积相等的小矩形,小矩形的中心位置即为采样点的位置,如图 3-40 所示。小矩形的数目一般为 1~20,面积<0.6m²。

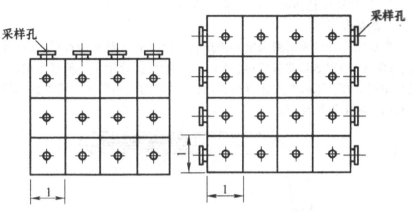

图 3-40　长方形和正方形烟道断面的采样点

2. 基本参数的测量

烟气的体积、温度、压力是烟气的基本状态参数,也是计算烟气流速、烟尘及有害物质浓度的依据。

(1)温度测量

测量温度时采用电阻温度计(图 3-41)或玻璃温度计,可直接将温度计插入采样孔,稳定后读数即可。

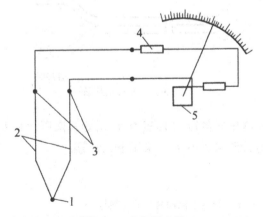

图 3-41　电阻温度计
1—工作端;2—热电偶;3—自由端;4—调正电阻;5—高温毫伏计

（2）压力测量

烟道的压力分为全压 p[①]、静压 p_s[②] 和动压 p_a[③]。三者之间的关系如下：

$$p = p_s + p_a$$

可见，知道任意两项，第三项即可求出。

1）测量仪器

测量压力时可采用测压管和测压计。测压管一般有两种形式，标准皮托管（图 3-42）和 S 形皮托管（图 3-43）。S 形皮托管用于一般烟气的测定，且在使用前必须用标准皮托管校正，否则测定的结果偏小。标准皮托管一般只用于测定排气静压。

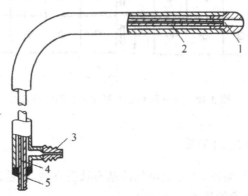

图 3-42　标准皮托管

1—全压测孔；2—静压测孔；3—静压管接口；

4—全压管；5—全压管接口

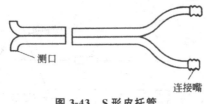

图 3-43　S 形皮托管

一般常用的测压计包括 U 形压力计、斜管式微压计和大气压力计。

U 形管压力计测量压力 p 时采用下式计算：

---

①　全压 p 指气体在管道中流动具有的总能量。

②　静压 p_s 指单位体积气体所具有的势能，表现为气体在各个方向上作用于器壁的压力。

③　动压 p_a 指单位体积气体具有的动能，是气体流动的压力。

$$p = \rho g h$$

式中，ρ 为工作液体密度，kg/m^3；g 为重力加速度，m/s^2；h 为两液面高度差，m。U 形压力计不适于测量微小压力。

倾斜式微压计（图 3-44）用于测定排气的动压，精度不低于 2%，最小分度不得大于 10Pa。管内常装酒精或汞。

$$p = L \left[\sin\alpha + \frac{f}{F} \right] \rho g$$

$$K = \left[\sin\alpha + \frac{f}{F} \right] \rho g$$

$$p = LK$$

式中，L 为斜管内液柱长度，m；α 为斜管与水平面夹角，度；f 为斜管截面积，mm^2；F 为容器截面积，mm^2；ρ 为工件液密度，kg/m^3，常用乙醇（$\rho = 0.84kg/m^3$）；K 为修正系数。

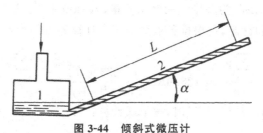

图 3-44　倾斜式微压计

1—容器；2—玻璃管

2）测定方法

调整仪器无气泡，按如图 3-45 所示连接皮托管与 U 形压力计，测压管的测压口伸进烟道内测样点位置，对准气流方向，读数，按相应公式计算即可。

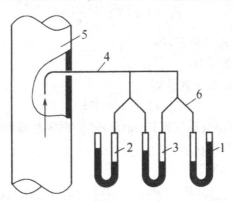

图 3-45　标准皮托管与 U 形压力计连接方法

1—测全压；2—测静压；3—测动压；4—皮托管；5—烟道；6—橡皮管

（3）流速的计算

排气的流速与其动压力平方根成正比，根据测得的某点处的动压、静压以及温度等参数后，计算该测点的排气流速（v_s）：

$$v_s = K_p \sqrt{\frac{2p_d}{p_s}} = 128.9 K_p \sqrt{\frac{(273 + T_s)p_d}{M_s(B_a + p_s)}}$$

当排气成分与空气相近、排气露点温度在 35～55℃ 间，排气的绝对压力在 97～103kPa 之间时，排气流速计算式可简化为下列形式：

$$v_s = 0.076 K_p \sqrt{273 + T} \sqrt{p_d}$$

接近常温条件时为：

$$v_a = 1.29 K_p \sqrt{p_d}$$

式中，v_s 为湿排气的气体流速，m/s；v_a 为常温常压下通风管道的空气流速，m/s；B_a 为大气压力，Pa；K_p 为皮托管修正系数；p_d 为排气动压，Pa；p_s 为排气静压，Pa；M_s 为湿排气的摩尔质量，kg/kmol；T_s 为排气温度。

平均流速的计算，可根据各点测出压力计算各点的流速 v_{si}，则，

$$\overline{v}_s = \frac{\sum\limits_{i=1}^{n} v_{si}}{n} = 128.9 K_p \sqrt{\frac{273 + T_s}{M_s(B_a + p_s)}} \times \frac{\sum\limits_{i=1}^{n} \sqrt{p_{di}}}{n}$$

当排气成分与空气相近时，按下式计算：

$$\overline{v}_s = 0.076 K_p \sqrt{273 + T} \frac{\sum\limits_{i=1}^{n} \sqrt{p_{di}}}{n}$$

常温常压下

$$\overline{v}_a = 1.29 K_p \frac{\sum\limits_{i=1}^{n} \sqrt{p_{di}}}{n}$$

式中，p_{di} 为某一测点的动压，Pa。

（4）排气流量的计算

工况下的流量，按下式计算：

$$Q_s = 3600 F \overline{v}_s$$

式中，Q_s 为工况下湿气排气流量，m^3/h；F 为测定断面面积，m^2；$\overline{v}_s$ 为测定断面的湿气平均流速，m/s。

若换算成干气，则，

$$Q_{sn} = Q_s \frac{B_a + p_a}{101300} \times \frac{273}{273 + T_s} [1 - \varphi(H_2O)]$$

式中，Q_{sn} 为标准状态下干气流量，m^3/h；$\varphi(H_2O)$ 为排气中水分体积分数。

在常温常压条件下通风管道中的空气流量按下式计算：

$$Q_s = 3600F \bar{v}_a$$

3. 排气中水分含量的测定

排气中水分含量的测定方法有冷凝法、干湿球法或重量法，可根据不同条件和不同测量对象选择其中一种。

(1)冷凝法

由烟道中抽出一定量的气体，通过冷凝器，根据冷凝出的水量，加上从冷凝器排出的饱和气体含有的水蒸气量，计算排气中的水分。装置如图 3-46 所示。

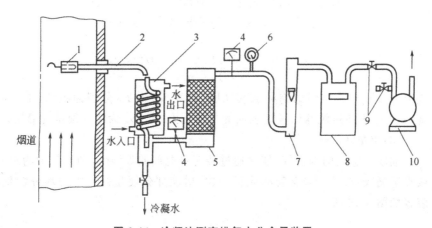

图 3-46 冷凝法测定排气水分含量装置

1—滤筒；2—采样管；3—冷凝器；4—温度计；5—干燥器；6—真空压力表；
7—转子流量计；8—累积流量计；9—调节阀；10—抽气泵

含水量按下式计算：

$$\varphi(H_2O) = \frac{461.8(273 + T_r)G_W + p_r v_a}{461.8(270 + T_r)G_W + (B_a + p_t)v_a} \times 100\%$$

式中，$\varphi(H_2O)$ 为排气中的水分体积分数，%；G_W 为冷凝器中的冷凝水量，g；B_a 为流量计前气体压力，Pa；p_t 为冷凝出口饱和水蒸气压（查表）；T_r 为流量计前温度，℃；v_a 为测量状态下抽取烟气的体积。

(2)干湿球法

如图 3-47 所示，气体在一定流速下流经干湿温度计，根据干、湿球温度计读数及有关压力，计算排气中水分含量。

计算公式如下：

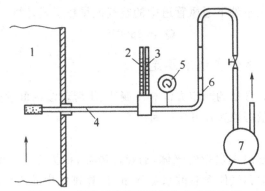

图 3-47　干湿球法测定排气水分含量装置

1—烟道;2—干球温度计;3—湿球温度计;4—保温采样管;

5—真空压力表;6—转子流量计;7—抽气泵

$$\varphi(H_2O) = \frac{p_{bv} - 0.00067(T_c - T_b)(B_a - p_b)}{(B_a + p_s)} \times 100\%$$

式中,p_{bv} 为 t_0 温度时的饱和水蒸气压(查表);T_b、T_c 分别为湿球、干球温度,℃;p_b 为通过湿球温度计表面的气体压力,Pa;p_s 为测点处排气静压。

(3)重量法

抽取一定量的烟道气,使之通过装有吸湿剂的吸湿管,则排气中的水分被吸湿剂吸收,称量吸湿管的质量变化,增加部分便是排气中的水分含量。装置如图 3-48 所示。

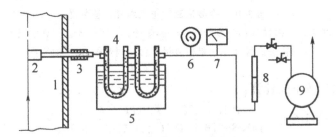

图 3-48　重量法测定排气水分含量装置

1—烟道;2—过滤器;3—加热器;4—吸湿管;5—冷却水槽;

6—真空压力表;7—温度计;8—转子流量计;9—抽气泵

吸湿管有两种,U 形吸湿管和雪菲尔德吸湿管,内装氯化钙或硅胶等吸湿剂。如图 3-49、图 3-50 所示。排气中水分含量按下式计算:

$$\varphi(H_2O) = \frac{1.24 G_m}{V_d\left[\dfrac{273}{273 + T_r} \times \dfrac{B_a + p_r}{101300}\right] + 1.24 G_m} \times 100\%$$

式中，$\varphi(H_2O)$ 为排气中水分含量体积分数，%；G_m 为吸湿管吸收的水分质量，g；V_d 为测量状况下抽取的干气体体积；p_r 为流量计前排气表压，Pa；1.24 为标准状态下 1g 水蒸气的体积，L；其他参数意义同前。

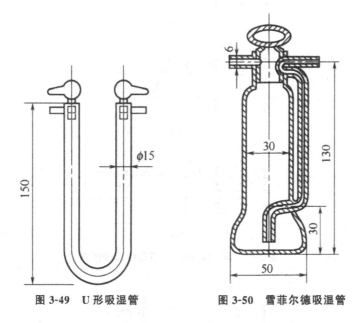

图 3-49　U 形吸湿管　　　　图 3-50　雪菲尔德吸湿管

4. 烟尘浓度的确定

(1)采样原理与方法

抽取一定体积烟气通过已知质量的捕尘装置，根据捕尘装置采样前后的质量差和采样体积，计算烟尘浓度。测定烟尘浓度必须采用等速采样法，即采样速度(烟气进入采样嘴的流速)应与采样点烟气流速相等。采样速度大于或小于采样点烟气流速都将造成测定误差。图 3-51 示意出不同采样速度下烟尘运动情况，v_s 表示采样点烟气流速，v_n 表示采样速度。当 $v_n > v_s$ 时，气体分子的惯性要比烟尘的小得多，采样嘴边缘的部分气流也被抽入其中，造成采集的烟气量偏大，如图 3-51(a)所示，此时测量结果偏低；当 $v_n < v_s$ 时，正好与之相反，如图 3-51(b)所示，此时测量结果偏高；当 $v_n = v_s$ 时，测量情况与实际情况相同，如图 3-51(c)所示。

等速采样法根据所使用的采样管不同，可分为普通型采样管法、皮托管平行测速采样法、动压平衡型采样管法和静压平衡型采样管法四种方法。

普通型采样管法的装置如图 3-52 所示，常见的滤筒采样管有超细玻璃纤维滤筒采样管(图 3-53)和刚玉滤筒采样管(图 3-54)。

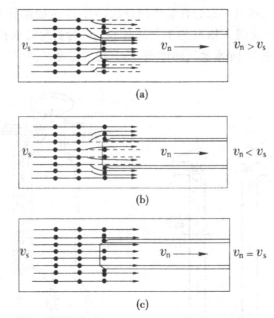

图 3-51   不同采样速度下烟尘运动情况

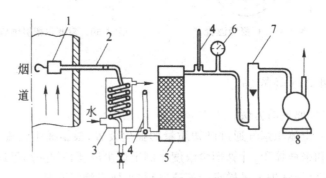

图 3-52   预测流速法烟尘采样装置

1,2—滤筒采样管;3—冷凝器;4—温度计;5—干燥器;
6—压力计;7—转子流量计;8—抽气泵

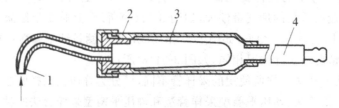

图 3-53   超细玻璃纤维滤筒采样管

1—采样嘴;2—滤筒夹;3—超细玻璃纤维滤筒;4—连接管

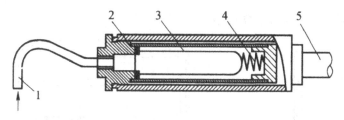

图 3-54 刚玉滤筒采样管

1—采样嘴;2—密封垫;3—刚玉滤筒;4—耐温弹簧;5—连接管

皮托管平行测速采样法采样时,将 S 形皮托管、采样管和温度计三个部件固定在一起,同时插入同一采样点,微压计也与皮托管相连。采样时,微压计显示出动压后,结合使用的采样嘴直径,加上已测出的烟气静压、含湿量和当时测得的烟气动压、温度等参数,由微机自动计算等速采样流量,迅速调节流量计至所要的读数,启动采样。皮托管平行测速采样法的装置如图 3-55 所示。

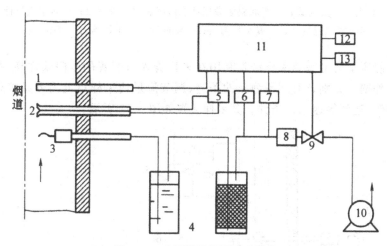

图 3-55 皮托管平行测速采样法

1—热电偶温度计;2—皮托管;3—采样管;4—脱硫、干燥装置;
5—微压传感器;6—压力传感器;7—温度传感器;8—流量传感器;
9—流量调节装置;10—抽气泵;11—微处理系统;12—打印机;13—显示器

等速采样管中的孔板在对样品抽气时会出现一个压差,S 形皮托管也会测出一个烟气动压,当二者相等时,就可以实现等速采样。动压平衡型等速管采样法即是利用此原理来采样。工况即使有所改变,依靠双联斜管式微压计的指示,也能够随时保持等速采样,装置如图 3-56 所示。

在采样装置中,如装上累积流量计,可直接读出采样总体积。此外,还有静压平衡型等速管采样法等。

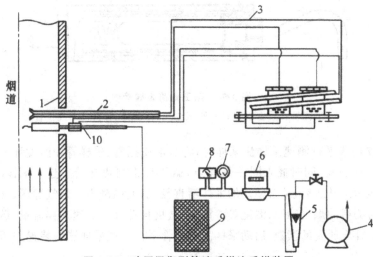

图 3-56　动压平衡型等速采样法采样装置
1—烟道；2—皮托管；3—双联斜管微压计或微压表；4—抽气泵；5—转子流量计；
6—累积流量计；7—真空压力表；8—温度计；9—干燥器；10—采样管

静压平衡型等速采样法是利用在采样管入口配置的专门采样嘴，在嘴的内外壁上分别开有测量静压的条缝，调节流量使采样点处内外条缝处静压相等，达到等速采样条件。其采样装置如图 3-57 所示。

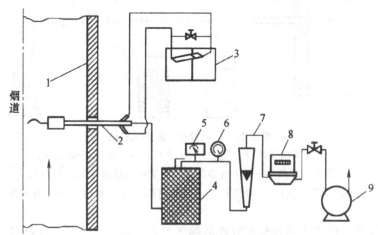

图 3-57　静压平衡型等速采样法采样装置
1—烟道；2—静压平衡采样管；3—压力偏差指示器；4—干燥器；5—温度计；
6—真空压力表；7—转子流量计；8—累积流量计；9—抽气泵

该法操作简便,但因静压测孔易堵塞,该法仅适用于测量烟尘浓度较低的烟气。

(2)烟尘浓度的计算

计算烟尘浓度首先需要计算出采样的烟尘质量——滤筒前后的采样质量差 m。其次需要计算出采样的体积(注意是在标准状况下),计算过程如下:

$$V_{nd} = 0.27q'_v \sqrt{\frac{p_a + p_r}{M_d(273 + t_r)}} \cdot t$$

式中,V_{nd} 为标准状况下干烟气的采样体积,L;q'_v 为采样流量,L/min;M_d 为干烟气气体分子的摩尔质量,kg/kmol;t_r 为转子流量计前气体温度,℃;t 为采样时间,min。

当 M_d 与空气的平均摩尔质量接近时,可简化 V_{nd} 的计算,如下:

$$V_{nd} = 0.05q'_v \sqrt{\frac{p_a + p_r}{273 + t_r}} \cdot t$$

移动采样时,烟尘浓度的计算如下:

$$\rho = \frac{m}{V_{nd}} \times 10^6$$

式中,ρ 为烟气中烟尘的浓度,mg/m³;m 为烟尘质量。

定点采样时,烟尘浓度的计算实质上为烟尘的平均浓度 $\bar{\rho}$,计算公式如下:

$$\bar{\rho} = \frac{\rho_1 v_1 A_1 + \rho_2 v_2 A_2 + \cdots + \rho_n v_n A_n}{v_1 A_1 + v_2 A_2 + \cdots + v_n A_n}$$

式中,v_1、v_2、$\cdots$、v_n 表示各采样点的烟气流速,m/s;ρ_1、ρ_2、$\cdots$、ρ_n 表示各采样点的烟气浓度,mg/m³;A_1、A_2、$\cdots$、A_n 表示各采样点的断面面积,m²。

(3)烟气组分的测定

对烟气进行采样时,选择一般的采样装置即可满足要求。实际操作中,若需要的气体量较小,可采用注射器采样法,装置如图 3-58 所示;否则一般都采用吸收法采样装置,如图 3-59 所示。

烟气中主要包含 CO、CO_2、O_2、N_2 等组分,多用奥氏气体分析器吸收法进行测定。不同成分可被不同的吸收液吸收,KOH 吸收 CO_2 生成 K_2CO_3 沉淀(注意在测定前先除去其他酸性气体),O_2 被焦性没食子酸溶液吸收,氯化铵溶液作为 CO 的吸收液,剩余的气体主要是 N_2。依据吸收前、后烟气的体积变化,就可计算出各组分的体积百分数。上述即为奥氏气体分析器吸收法的基本原理。需要注意的是,由于焦性没食子酸吸收液既能吸收氧也能吸收二氧化碳,因此必须按 CO_2、O_2、CO 吸收顺序操作。

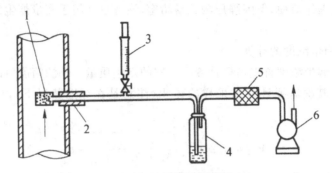

图 3-58 注射器采样装置

1—滤料；2—加热(或保温)采样导管；3—采样注射器；

4—吸收瓶；5—干燥器；6—抽气泵

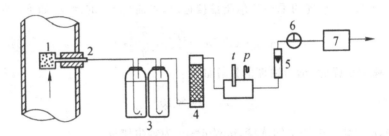

图 3-59 吸收法采样装置

1—滤料；2—加热(或保温)采样导管；3—吸收瓶；

4—干燥器；5—流量计；6—三通阀；7—抽气泵

奥氏气体分析器吸收法的装置图如图 3-60 所示。

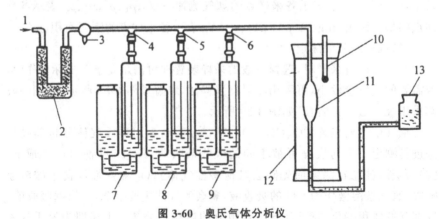

图 3-60 奥氏气体分析仪

1—进气；2—干燥管；3,4,5,6—三通旋塞；7,8,9—吸收瓶-缓冲瓶；

10—温度计；11—量气管；12—水套管；13—水准瓶

3.7.2 流动污染源监测

机动车排放的废气主要含有烟尘(碳烟)、一氧化碳、氮氧化物(NO_x)、碳氢化合物(HC)和二氧化碳、醛类、二氧化硫、3,4-苯并芘等有害物质。特别是汽车,数量多,排放量大,是造成环境空气污染的主要流动污染源。

1. 污染物的排放量与工况的关系

汽车排气中污染物的排放量与其运转工况有关,不同工况(怠速、加速、匀速、减速)下,污染物的排放量和浓度变化很大。表 3-3 列出了汽油车在不同工况下有害物质的排放量。

表 3-3　汽油车在不同工况下有害物质的排放量

工况	CO(%)	HC($\times10^{-6}$)	NO_x($\times10^{-6}$)
怠速	4.0～10	300～2000	50～1000
加速(0～40km/h)	0.7～5.0	300～600	1000～4000
匀速(40km/h)	0.5～4.0	200～400	1000～3000
减速(40～0km/h)	1.5～4.5	1000～3000	5～50

2. 排气烟度的监测

机动车排放的烟气组成十分复杂,有害物质非常多,世界各国都对其排放标准予以了限定。一般采用烟度来测量,是指一定体积的排气透过一定面积的滤纸后,滤纸被染黑的程度,单位为 Rb(波许)。

柴油车排气烟度常用滤纸式烟度计测定。

滤纸式烟度计工作原理如图 3-61 所示。当抽气泵活塞受脚踏开关的控制而上行时,排气管中的排气依次通过取样探头、取样软管及一定面积的滤纸被抽入抽气泵,排气中的黑烟被阻留在滤纸上,然后用步进电机(或手控)将已抽取黑烟的滤纸送到光电检测系统测量,由仪表直接指示烟度值。

烟度计的光电检测系统如图 3-62 所示。采集烟样后的滤纸经光源照射,则部分光被滤纸上的炭粒吸收,另一部分被滤纸反射给环形硒光电池,产生相应的光电流,送入测量仪表测量。

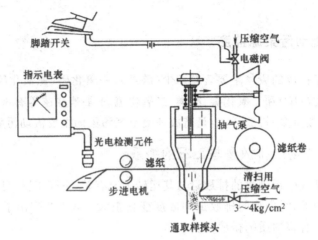

图 3-61　滤纸式烟度计工作原理示意图

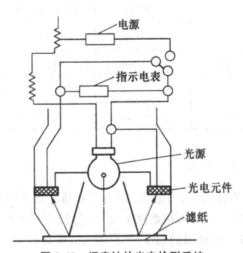

图 3-62　烟度计的光电检测系统

第 4 章 土壤污染检测技术

土壤是人类赖以生存和发展的物质基础,也是人类环境的重要组成部分。土壤质量的优劣直接影响人类的生活、健康和社会发展。但是近些年来,土壤由于固体废物中的污染物直接进入或其渗滤液进入被污染外,还由于废气、废水中含有的污染物质,农药、化肥的大量使用,污水灌溉,结果造成了农田土壤大面积污染。因此,防止土壤污染,及时对土壤进行污染检测,就成了环境检测中不可或缺的重要内容。

4.1 概 述

"土壤"一词在世界上任何民族语言中都可以找到。土壤是指陆地地表具有肥力并能生长植物的疏松表层。它介于大气圈、岩石圈、水圈和生物圈之间,是环境中特有的组成部分。由于不同学科的科学家对土壤有着各自不同的观点和认识,因此,基于土壤具体的物质描述、抽象的历史定位以及代表性的功能特征,可将土壤定义为历史自然体,是位于地球陆地表面和浅水域底部具有生命力、生产力的疏松而不均匀的聚集层,是地球系统的组成部分和调控环境质量的中心要素。

4.1.1 土壤的组成

土壤是地球表层的岩石经过生物圈、大气圈和水圈长期的综合影响而形成的。由于各种成土原因和人类的生产活动等综合作用而形成的多种类型的土壤。总体来说,土壤是一种固、液、气三相物质组成的疏松多孔体。

(1)土壤矿物质

岩石经过各种物理化学作用便可形成土壤矿物质,土壤矿物质是组成土壤的基本物质,占土壤固相部分总重量的90%以上。其中有原生矿物质和次生矿物质。原生矿物质是岩石经过物理风化作用被破碎形成的碎屑,而次生矿物质是原生矿物质经过化学风化后形成的新矿物。因此可知,原生矿物质与次生矿物质的区别便是,次生矿物质发生了化学变化,而原生矿物质则没有。

土壤矿物质元素有96%的含量为氧、硅、铝、铁、钙、钠、钾、镁,其余诸元素含量甚微,多在0.1%以下,这种元素的相对含量与地球表面岩石圈元素的评价含量极其相似。土壤是由不同粒级的土壤颗粒组成的。土壤矿物质颗粒的形状和大小多种多样,其粒径从几微米到几厘米不等,土壤粒径的大小影响着土壤对污染物的吸附和解吸能力。为了研究土壤粒径大小对污染物的吸附、解吸和迁移、转化能力,有效含水量及保水保温能力等,常按粒径大小将土粒分为若干类,称为粒级。同级土粒的成分和性质基本一致,如表4-1所示为我国土粒分级标准。

表4-1   我国土粒分级标准

颗粒名称		粒径/mm
粉粒	细粉粒	0.005~0.01
	粗粉粒	0.05~0.1
砂粒	细砂粒	0.05~0.25
	粗砂粒	0.25~1
黏粒	细黏粒	<0.001
	粗黏粒	0.001~0.005
石砾	细砾	1~3
	粗砾	3~10
石块		>10

自然界中的土壤都是由粒径不同的土粒按不同的比例组合而成的,按照土壤中各粒级土粒含量的相对比例或质量分数分类,称为土壤质地分类。表4-2给出了国际制土壤质地分类法。

表4-2   国际制土壤质地分类

质地分类		各级土粒(质量/%)		
质地名称	类别	砂粒	粉砂粒	黏粒
		0.02~2mm	0.002~0.02mm	<0.002mm
粉砂质壤土		0~55	45~100	0~15
壤土	壤土类	40~55	30~45	0~15
砂质壤土		55~85	0~15	0~15

质地分类		各级土粒(质量/%)		
黏土	黏土类	0～55	0～55	45～65
粉砂质黏土		0～30	45～75	25～45
重黏土		0～35	0～35	65～100
砂质黏土		55～75	0～20	25～45
壤质黏土		10～55	0～45	25～45
砂土及壤质砂土	砂土类	85～100	0～15	0～15
粉砂质黏壤土	黏壤土类	0～40	45～85	15～25
黏壤土		30～55	20～45	15～25
砂质黏壤土		55～85	0～30	15～25

（2）土壤有机质

土壤有机质是由进入土壤的植物、动物、微生物残体及施入土壤的有机肥料分解转化逐渐形成的,是土壤中含碳化合物的总称,它与土壤矿物质共同构成土壤的固相部分,是土壤形成的重要基础。

土壤有机质有腐殖物质和非腐殖物质两种,且大部分集中在土壤表层。其中,腐殖物质是在微生物作用下部分被氧化形成的一类特殊的高分子聚合物,具有氧化还原、表面吸附等性能。另一种非腐殖物质包括有机磷、含氮化合物、有机硫化合物和糖类化合物等,一般占土壤有机质总量的 10%～15%。

（3）土壤微生物

土壤微生物是土壤净化功能的主要贡献者,对进入土壤的有机污染物的降解及无机污染物的形态转化起着主导作用,是土壤有机质的重要来源。

（4）土壤空气和溶液

土壤空气存在于未被水分占据的土壤孔隙中,来源于大气、生物化学反应和化学反应产生的氢气、二氧化碳、硫化氢、甲烷、氮氧化合物等气体。土壤空气的具体组成与土壤本身特性相关,也与季节、土壤水分、土壤深度条件相关。在排水良好的土壤中,其组分与大气基本相同。在排水不良的土壤中氧含量下降,二氧化碳含量增加。

土壤溶液是土壤水分及其所含溶质的总称,其中溶质包括无机胶体、可溶有机物、可溶性气体和可溶无机盐等。土壤溶液对土壤中物质的转化过程和土壤形成过程起着决定性作用,是植物生长所需水分和养分的主要供给源,同时也是土壤中各种物理、化学反应和微生物作用的介质。土壤溶液中的水来源于大气降水、降雪、农田灌溉和地表径流,若地下水位接近地表面,也是土壤溶液中水的来源之一。

土壤的氧化还原性质是由于土壤中存在着多种具有氧化性和还原性的无机物质及有机物质而促成的。土壤中的游离氧以及低价金属离子等各种元素是主要的氧化还原剂。另外,由于土壤胶体具有巨大的比表面积,胶粒表面带有电荷,分散在水中时界面上产生双电层,使其对无机污染物和有机污染物都有极强的吸附能力。由于土壤在形成过程中受到气候、水文、生物、地质等多方面因素综合作用的影响,土壤的酸碱性也成为了土壤的重要理化性质,其对植物生长和土壤肥力及土壤污染物的迁移都有重要的影响。其中,土壤的酸碱度划分为 9 级,如表 4-3 所列。

表 4-3　土壤的酸碱度分级

pH	酸碱度分级
＞9	极强碱性土
8.5～9.5	强碱性土
7.5～8.5	碱性土
7.0～7.5	弱碱性土
6.5～7.0	中性土
6.0～6.5	弱酸性土
5.5～6.0	中酸性土
5.0～5.5	酸性土
4.5～5.5	强酸性土
＜4.5	极强酸性土

4.1.2　土壤的污染

土壤污染是指生物性污染物或有毒有害化学性污染物进入土壤后,引起土壤正常结构、组成和功能发生变化,超过了土壤对污染的净化能力,直接或间接引起不良后果的现象。土壤污染不仅使其肥力下降,还可能构成二次污染源,污染水体、大气、生物,进而通过食物链危害人体健康。

(1)土壤污染的来源

土壤污染物的来源有天然污染源和人为污染源两类。天然污染源主要是自然矿物风化后自然扩散、火山爆发后降落的火山灰以及由于气象因素或者地质灾害所引起的土壤污染。人为污染物的来源主要包括城市垃圾及工业废物、大气沉降物、不合理地使用化肥、农药以及污水灌溉、固体随意堆放或填埋、大型水利工程、截流改道和破坏植被等造成的土壤污染。其中，土壤污染源是土壤污染的主要污染源。

（2）土壤污染的种类

土壤污染物的种类繁多，主要分为有无机污染物、有机污染物、有害微生物以及放射性污染物质等。其中，化学污染最为普遍也最为严重。表4-4列出了土壤中的主要污染物质及其来源。

表 4-4　土壤中的主要污染物质及其来源

污染物种类			主要来源
有机污染物	石油		油田、炼油、输油管道漏油
	氰化物		电镀、冶金、印染等工业
	3,5-苯并芘		炼焦、炼油等工业
	酚类有机物		炼油、炼焦、化肥、石油化工、农药等工业
	有机性洗涤剂		机械工业、城市污水
	有机农药		农药的生产和使用
	一般有机物		城市污水、食品、屠宰工业
有害微生物			城市污水、医疗污水、厩肥
有害微生物	放射性元素	锶（^{90}Sr）	核工业、核爆炸、原子能、同位素生产
		铯（^{137}Cs）	核工业、核爆炸、原子能、同位素生产
	重金属	铜（Cu）	铜制品生产、冶炼、含铜农药
		铅（Pb）	农药、汽车排气、颜料、冶炼等工业
		锌（Zn）	含锌农药、纺织工业、磷肥、人造纤维、镀锌
		镉（Cd）	肥料杂质、电镀、冶炼、染料等工业
		汞（Hg）	汞化物生产、仪器仪表工业、含汞农药、氯碱工业
		镍（Ni）	炼油、电镀、冶炼、染料等工业
		铬（Cr）	制革、电镀、冶炼、染料等工业
	非金属	硒（Se）	油漆、电器、电子、墨水等工业
		砷（As）	医药、农药、硫酸、化肥、冶炼玻璃等工业
	其他	氟（F）	冶炼、氟硅酸钠、磷酸和磷肥等工业
		酸、碱、盐	酸雨、纤维、机械、造纸、化工、电镀等工业

4.1.3　土壤污染的特点和类型

土壤污染主要具有隐蔽性、潜伏性、不可逆性、长期性以及难以判定等特点。土壤从开始污染到发现污染导致的后果，有很长一段间接、逐步、积累的隐蔽过程，不像大气和水体污染那样容易被人察觉。另外，土壤一旦被污染后就很难恢复，有时被迫改变用途或者放弃使用，严重的污染还会通过食物链危害动物和人体，甚至使人畜失去赖以生存的基础。到目前为止，国内外尚未制定出土壤相关的判定标准。由于土壤污染物的性质与其存在的价态、形态、浓度、化学性质及其存在的环境条件等密切相关，所以在进行判定时一定要依据当地的实际情况进行考虑，其中，应将土壤本底值纳入考虑的范围内。

土壤污染的类型众多，但到目前为止还没有明确的划分标准。如果从污染物的属性来考虑，一般可分为有机污染物、无机污染物、生物污染物与放射性物质的污染。其中，有机污染物包括有机废弃物和农药等。有机污染物一旦污染到土壤，便会危及农作物的生长与土壤生物的生存。岩石风化、火山爆发以及人类生产活动中的化工、采矿、冶炼等都会造成无机物的污染。未经处理的污水与污物中含有危害很大的微生物，这些长期在土壤中存活的植物病原体不仅能严重地危害植物，造成农业减产，甚至还会对人体的健康造成危害。土壤被放射性物质污染后，不仅损害细胞或造成外照损伤，还会通过呼吸系统或食物链进入人体，造成内照射损伤。施用含有放射性核素的磷肥或放射性污染的河水灌溉农田都会造成土壤放射性污染。

没有被人类的社会行为污染和破坏之前的土壤成分叫作土壤背景值。由于人类活动的长期影响，使得土壤环境的化学成分和含量水平发生了明显的变化，从环境背景值就可直观地看到这种变化。现如今，要想找到一块绝对没有受到污染的土壤是相当困难的，因此，环境背景值实际上只是一个相对的概念，这一概念最早是地质学家在应用地球化学探矿过程中引出的。

近年来，世界各国都进行了环境背景值的调查和研究工作。我国在"中国土壤环境背景值研究"的课题上，完成了除台湾省以外的其他各省、市、自治区的41个土壤类型，60多个元素的分析测定，并出版了《中国土壤元素背景值》专著，表4-5摘录了该书中表层土壤部分元素的背景值。

表 4-5　中国土壤部分元素环境背景值

元素	算术		几何		95%置信度范围值
	均值	标准值	均值	标准值	
As	11.2	7.86	9.2	1.91	2.5~33.5
Cd	0.097	0.079	0.074	2.118	0.017~0.333
Co	12.7	6.40	11.2	1.67	4.0~31.2
Cr	61.0	31.07	53.9	1.67	19.3~150.2
Cu	22.6	11.41	10.0	1.66	7.3~55.1
F	478	197.7	440	1.50	191~1012
Hg	0.065	0.080	0.040	2.602	0.006~0.272
Mn	583	362.8	482	1.90	130~1786
Ni	26.9	14.36	23.4	1.74	7.7~71.0
Pb	26.0	12.37	23.6	1.54	10.0~56.1
Se	0.290	0.255	0.215	2.146	0.047~0.993
K	1.86	0.463	1.79	1.342	0.94~2.97
Ag	0.132	0.098	0.105	1.973	0.027~0.409
Be	1.95	0.731	1.82	1.466	0.85~3.91
Mg	0.78	0.433	0.63	2.080	0.02~1.64
Ca	1.54	1.633	0.71	4.409	0.01~4.80
Ba	469	134.7	450	1.30	251~809
B	47.8	32.55	38.7	1.98	9.9~151.3
Al	6.62	1.626	6.41	1.307	3.37~9.87
Ge	1.70	0.30	1.70	1.19	1.20~2.40
Sn	2.60	1.54	2.30	1.71	0.80~6.70
Sb	1.21	0.676	1.06	1.676	0.38~2.98
V	82.4	32.68	76.4	1.48	34.8~168.2
Zn	74.2	32.78	67.7	1.54	28.4~161.1
Li	32.5	15.48	29.1	1.62	11.1~76.4
Na	1.02	0.626	0.68	3.186	0.01~2.27
Bi	0.37	0.211	0.32	1.674	0.12~0.88
Mo	2.0	2.54	1.20	2.86	0.10~9.60
I	3.76	4.443	2.38	2.485	0.39~14.71
Fe	2.94	0.984	2.73	1.602	1.05~4.84

4.1.4　土壤质量标准

土壤质量标准规定了土壤中污染物的最高允许浓度或范围,是判断土壤质量的依据,我国颁布的这类标准有:《土壤环境质量标准》(GB 15618—1995)、《无公害农产品茶叶产地土壤环境质量指标》(NY 5020—2001)、《无公害农产品蔬菜产地土壤环境质量指标》(GB/T 18407.1—2001)。这三种标准分别如表4-6、表4-7、表4-8所示。

表4-6　土壤环境质量标准值(GB 15618—1995)

级别	一级	二级			三级
土壤 pH	自然背景	＜6.5	6.5～7.5	＞7.5	＞6.5
项目					
镉≤	0.20	0.30	0.30	0.60	1.0
汞≤	0.15	0.30	0.50	1.0	1.5
砷、水田≤	15	30	25	20	30
旱地≤	15	40	30	25	40
铜、农田等≤	35	50	100	100	400
果园≤	-	150	200	200	400
铅≤	35	250	300	350	500
铬、水田≤	90	250	300	350	400
旱地≤	90	150	200	250	300
锌≤	100	200	250	300	500
镍≤	40	40	50	60	200
六六六≤	0.05	0.50			1.0
滴滴涕≤	0.05	0.50			1.0

注:①重金属和砷均按元素量计,适用于阳离子交换量＞5cmol(＋)/kg 的土壤,若≤5cmol(＋)/kg,其标准值为表内数值的半数;

②六六六为 4 种异构体总量,滴滴涕为 4 中衍生物总量;

③水旱轮作地的土壤环境质量标准,砷采用水田值,铬采用旱地值

表4-7　《无公害农产品茶叶产地土壤环境质量指标》(NY 5020—2001)

项目	指标
pH	4.0～6.0
汞≤	0.3
砷≤	40

续表

项目	指标
铅≤	250
镉≤	0.3
铬(六价)≤	150
铜≤	150

注:重金属和砷均按总量计,适用于阳离子交换量>5cmol(+)/kg 的土壤,若≤5cmol(+)/kg,其标准值为表内数值的半数

表 4-8　无公害农产品蔬菜地土壤环境质量指标(GB/T 18407.1—2001)

项目	指标		
	pH<6.5	pH6.5~7.5	pH>7.5
总汞≤	0.3	0.5	1.0
总砷≤	40	30	25
铅≤	100	150	150
镉≤	0.3	0.3	0.6
铬(六价)≤	150	200	250
六六六≤	0.5	0.5	0.5
滴滴涕≤	0.5	0.5	0.5

4.2　土壤检测方案的制定

土壤检测方案是在调查研究的基础上,通过综合分析,确定检测目的、选择检测方法、计划检测采样与布点、建立质量保证程序和措施、提出检测数据处理需求,最终全面安排实施计划。下面结合《农田土壤环境质量检测技术规范》(NY/T 395—2000)和《土壤环境质量标准》(GB 15618—1995)有关内容展开介绍。

4.2.1　检测目的

(1)土壤质量现状监测

土壤质量现状监测就是判断当下土壤是否被污染,如果已经被污染,则污染状况如何,并预测其发展变化趋势。

(2)土壤污染事故监测

如果土壤已经被污染物所污染,则需确定污染范围、程度以及污染源,并调查分析引起土壤污染的主要污染物,为行政主管部门采取对策,提供科学依据。

(3)土壤背景值调查

通过分析测定土壤中某些元素的含量,确定这些元素的背景值水平和变化情况,了解元素的丰缺和供应状况,为保护土壤生态环境、合理施用微量元素及地方病因的探讨与防治提供依据。

4.2.2 检测项目

土壤检测项目一般根据检测目的而定。《土壤环境质量标准》规定重金属类、农药类及 pH 共 11 个项目。《农田土壤环境质量检测技术规范》将检测项目分为三类,即规定必测项目、选择必测项目和选测项目。《土壤环境检测技术规范》将检测项目分常规项目、特定项目和选测项目。常规项目原则上为《土壤环境质量标准》中所要求控制的污染物,《土壤环境质量标准》中没有要求控制的污染物,根据当地环境污染状况,自行确定。土壤监测项目与监测频次见表 4-9。

表 4-9 土壤监测项目与监测频次

项目类别	监测项目	监测频次	
常规项目	基本项目	pH、阳离子交换量	每 3 年一次农田在夏收或秋收后采样
	重点项目	镉、铬、汞、砷、铅、铜、锌、镍、六六六、滴滴涕	
选测项目	影响产量项目	全盐量、硼、氟、氮、磷、钾等	每 3 年一次农田在夏收或秋收后采样
	污水灌溉项目	氰化物、六价铬、挥发酚、烷基汞、苯并芘、有机质、硫化物、石油类等	
	POPs 与高毒类农药	苯、挥发性卤代烃、有机磷农药、PCB、PAH 等	
	其他项目	结合态铝、硒、钒、氧化稀土总量、钼、铁、锰、镁、钙、钠、铝、硅、放射性比活度等	
特定项目(污染事故)		特征项目	及时采样,根据污染物变化趋势决定检测频次

4.2.3　监测方法

监测方法包括两部分,分别是土壤样品预处理和分析测定方法,样品预处理会在之后加以介绍。分析测定方法常用气相色谱法、化学分析法、原子吸收分光光度法、原子荧光法、分光光度法以及电化学分析法等。电感耦合等离子体原子发射光谱(IPC-AES)分析法、液相色谱分析法、X 射线荧光光谱分析法、气相色谱-质谱(GC-MS)联用法及中子活化分析法等近代分析方法在土壤监测中也已应用。表 4-10 列出了《农田土壤质量检测分析方法》规定的分析测定方法。

表 4-10　农田土壤质量检测分析方法

监测项目		监测分析方法	方法来源
必测项目	总砷	氢化物-原子荧光法	①
		硼氢化钾-硝酸银分光光度法	GB/T 17135—1997
		微波消解/原子荧光法	HJ 680—2013
		二乙基二硫氨基甲酸银分光光度法	GB/T 17135—1997
	总铬	二苯碳酰二肼分光光度法	①
		火焰原子吸收分光光度法	GB/T 17137—1997
	总汞	冷原子吸收法	GB/T 17136—1997
		冷原子荧光法	①
		微波消解/原子荧光法	HJ680—2013
	pH	pH 玻璃电极法	①
	六六六	气相色谱法	GB/T 14550—1993
	锌	火焰原子吸收分光光度法	GB/T 17138—1997
	镉	KI-MIBK 萃取原子吸收分光光度法	GB/T 17140—1997
		石墨炉原子吸收分光光度法	GB/T 17141—1997
	滴滴涕	气相色谱法	GB/T 14550—1997
	铜	火焰原子吸收分光光度法	GB/T 17138—1997
	铅	KI—MIBK 萃取原子吸收分光光度法	GB/T 17140—1997
		石墨炉原子吸收分光光度法	GB/T 17141—1997
	镍	火焰原子吸收分光光度法	GB/T 17139—1997

续表

监测项目		监测分析方法	方法来源
选测元素	总硒	微波消解/原子荧光法	HJ 680—2013
		氢化物-原子荧光法	①
	总钼	硫氰化钾分光光度法	③
	总硼	亚甲蓝分光光度法	①
	总钾	火焰原子吸收分光光度法	①
	苯并芘	萃取层析-分光光度法	③
	氰化物	硝酸盐滴定法	②
	水分	重量法	NY/T 52—1987
	有机质	燃烧氧化-非分散红外法	HJ 695—2014
		重铬酸钾容量法	NY/T 85—1988
	总磷	碱熔-钼锑抗分光光度法	HJ 632—2011
		钼锑抗分光光度法	NY/T 88—1988
	矿物油	分子筛吸附-油分浓度仪法	③
	铁、锰	火焰原子吸收分光光度法	①
	总氮	半微量定氮仪法	NY/T 87—1987
	氟化物	离子选择电极法	①
	全盐量	重量法	②
	有效硼	姜黄素分光光度法	NY/T 148—1990
	有效磷	钼锑抗分光光度法	NY/T 148—1990

注:①中国环境检测总站编.土壤元素的近代分析方法.北京:中国:中国环境科
学出版社,1992;
②中国科学院南京土壤研究所编.土壤理化分析.上海:上海科技出版
社,1928;
③NY/T 395—200,《农田土壤环境质量检测技术规范》

4.2.4　农田土壤环境质量评价

1. 评价参数

用于评价土壤环境质量的参数有污染积累指数、污染样本指数、单项污染指数、污染物分担率、综合污染指数、土壤污染分级标准及污染物超标倍数等。它们的计算方法如下:

$$土壤单项污染指数 = \frac{土壤污染物实测值}{污染物质量标准值}$$

$$土壤综合污染指数 = \sqrt{\frac{(平均单项污染指数)^2 + (最大单项污染指数)^2}{2}}$$

$$土壤单项污染指数 = \frac{土壤污染实测值}{污染物背景值}$$

$$土壤污染物超标倍数 = \frac{土壤污染物实测值 - 污染物标准值}{污染物标准值}$$

$$土壤污染样本超标率(\%) = \frac{土壤超标样本总数}{监测样本总数} \times 100$$

$$土壤污染面积超标率(\%) = \frac{超标点面积之和}{监测总面积} \times 100$$

$$土壤污染物分担率(\%) = \frac{某项污染指数}{各项污染指数之和} \times 100$$

2. 评价方法

土壤环境质量评价通常情况下都是以单项污染指数为主,如果区域内土壤质量在不同历史阶段比较,或者作为一个整体与外区域土壤质量比较,此时便应用综合污染指数评价。综合污染指数突出了高浓度污染物对土壤环境质量的影响,最重要的是该指数全面反映了各污染物对土壤的不同作用,适于用来评价环境的质量等级。表 4-11 为《农田土壤环境质量检测规范》划定的土壤污染分级标准。

表 4-11　土壤污染分级标准

土壤级别	综合污染指数	污染水平	污染等级
1	$P_{综} \leqslant 0.7$	清洁	安全
2	$0.7 < P_{综} \leqslant 1.0$	尚清洁	警戒线
3	$1.0 < P_{综} \leqslant 2.0$	土壤污染超过背景值,作物开始污染	轻污染
4	$2.0 < P_{综} \leqslant 3.0$	土壤、作物均受到中度污染	中污染
5	$P_{综} > 3.0$	土壤、作物受污染已相当严重	重污染

4.3　土壤样品的采集、保存和预处理

4.3.1　样品的采集

土壤环境样品的采集是土壤环境监测的重要环节,是土壤环境分析的

前提。能否获得科学、准确、有代表性、典型性的土壤样品,是各种土壤环境监测的基础,是关系到分析结果和由此得出的结论正确与否的一个先决条件。

样品的采集一定要保证样品具有代表性。由于土壤具有不均一特性,所以采样时很容易产生误差,通常取若干点,组成多点混合样品,混合样品组成的点越多,其代表性就越强。另外,由于土壤污染具有时空特性,在采样时应注意采样时间、采样区域范围以及采样的深度等。

(1)混合样

1)采样点数量

土壤监测布设采样点数量要根据监测目的、区域范围大小及其环境状况等因素确定。在已布置明确的点上采样时,也需要保证样品的代表性。为减少土壤空间分布不均匀的影响,在一个采样单元内,应在不同方位上进行多点采样,并且均匀混合成为代表性的土壤样品。在检测区域较大且环境复杂的区域,需要布设更多的采样点。在检测范围小且环境状况差异小的区域,布设采样点数量可以相应减少。一般农田土壤环境检测采集耕作层土样,种植一般农作物采 $0\sim20cm$,种植果林类农作物采 $0\sim60cm$。一般每个采样单元最少设 3 个采样点。单个采样单元内采样点数可按下式估算:

$$n = \left[\frac{s \cdot t}{d} \right]^2$$

式中,n 为每个单元布设的最少采样点数;s 为样本相对标准偏差;t 为置信因子;d 为允许偏差。

其中,当规定抽样精度不低于 80% 时,允许偏差为 0.2。多个采样单元的总采样点数为每个采样单元分别计算出的采样点数之和。

2)布设方法

①对角线法。适用于污水灌溉的农田土壤,对角线分 5 等份,以等分点为采样分点,如图 4-1(a)所示。

②梅花形法。适用于面积小,地势平坦,土壤组成和受污染程度相对比较均匀的地块,设分点 5 个左右,如图 4-1(b)所示。

③棋盘式法。适宜于受固体废物污染、地势平坦、中等面积、地形开阔,但土壤较不均匀的田块,其中,受固体废物污染的土壤设 20 个以上的采样点,其他设 10 个即可,如图 4-1(c)所示。

④蛇形法。适宜于面积较大、土壤不够均匀且地势不平坦的地块,设分点 15 个左右,多用于农业污染型土壤,如图 4-1(d)所示。

⑤放射性法。适用于大气污染型土壤。以大气污染源为中心,向周围

画射线,在射线上布设采样分点。在主导风向的下风向适当增加分点之间的距离和分点数量,如图 4-1(e)所示。

⑥网格法。农用化学物质污染型土壤、土壤背景值调查多用这种方法。将地块划分成若干均匀网状方格,采样分点设在两条直线的交点处或方格的中心,适用于地形平缓的地块,如图 4-1(f)所示。

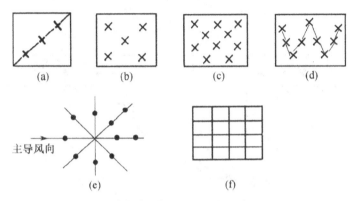

图 4-1　土壤采样点布设方法

各分点混匀后用四分法取 1kg 土样装入样品袋,多余部分弃去。四分法的做法是,将各点采集的土样混匀并铺成正方形,划对角线,分成四份,将对角线的两个对顶三角形范围内的样品保留,剔出一半。如此循环,直至所需的土量。在采样结束后,要逐项检查采样记录、样袋标签和土壤样品,如有缺项和错误,及时补齐更正。采样记录格式见表 4-12。

表 4-12　土壤采样现场记录表

采样地点			东经	北纬
样品编号			采样日期	
样品类别			采样人员	
采样层次			采样深度/cm	
样品描述	土壤颜色		植物根系	
	土壤质地		沙砾含量	
	土壤湿度		其他异物	
采样点示意图			自下而上植被描述	

(2)剖面样

一般检测采集表层土,采样深度 0～20cm,如果想要了解更深层次的土壤环境,则可按土壤剖面层次分层采样。土壤剖面的规格一般为长 1.5m、宽 0.8m,深 1.2m,如图 4-2 所示。挖掘土壤时表土和底土要分两侧放置。在垂直切面上可观察到与地面大致平行的若干层具有不同颜色、性状的土层。

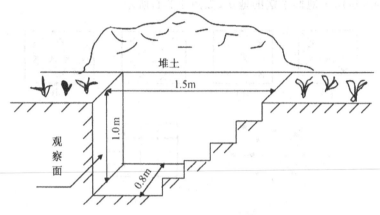

图 4-2　土壤剖面坑示意图

一般每个剖面采集 A、B、C 三层土样,地下水较高时,剖面挖至地下水出露时为止;山地丘陵土层较薄时,剖面挖至风化层。对 B 层发育不完整的山地土壤只采 A、C 两层。水稻土按照 A 耕作层、P 犁底层、C 母质层分层采样,对 P 层太薄的剖面,只采 A 与 C 两层。如图 4-3 所示。

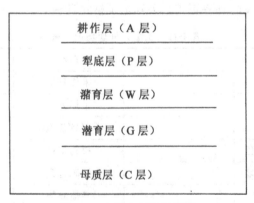

图 4-3　水稻土剖面示意图

对 A 层特别深厚的剖面,按 A 层 5～20cm、A/B 层 60～90cm、B 层 100～200cm 采集土壤。草甸土和潮土一般在 A 层 5～20cm、C1 层 50cm、C2 层 100～200cm 处采样。

随时采集样品进行测定可了解土壤污染情况。如需同时掌握在土壤上生长的作物受污染情况,可在季节变化或作物收获期采集。采样时应按自下而上的顺序,先采剖面的低层样品,再采中层样品,最后采上层样品,以免采取上层样品对下层土壤的混杂污染。剖面每层样品采集 1kg 左右,装入样品袋。标签和采样记录的格式如图 4-4 所示。

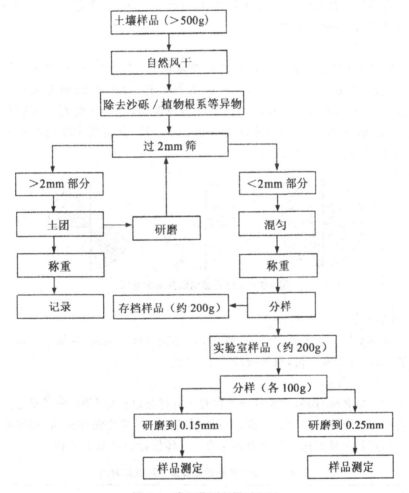

图 4-4　常规监测制样过程图

需要注意的是,土壤标签要准备两份,其中一份放入样品袋内,另一份贴在袋口,并于采样结束时在现场逐项逐个检查。测定重金属的样品,尽量用竹铲、竹片直接采集样品。如果用土钻取样,把土钻钻至所需深度,把钻提出,将土样用挖勺取出。如果只取表层土样,可用深 10cm,直径 8cm 金属或塑料制的采样筒,直接压入土层内,然后用铲铲出并取样。

4.3.2　土壤样品的制备与存储

样品的制备过程是:风干、磨细、过筛、分装,制成满足分析要求的土壤样品。

(1)风干

将样品放置在风干室的风干盘中,摊成 2~3cm 的薄层,适时地翻动、按压,拣出其中的混杂物体。

(2)磨细与过筛

先将风干的样品置于磨样室的有机玻璃板上用木棒、有机玻璃棒压碎进行粗磨,并用四分法(如图 4-5 所示)取压碎样,过孔径 2mm 尼龙筛。粗磨过后,再将用于细磨的样品用四分法分成两份,一份研磨到全部过孔径 0.25mm 筛,一份研磨到全部过孔径 0.15mm 筛,分别用于农药或土壤有机、土壤全氮量等项目分析。

图 4-5　土壤样品的四分法示意图

(3)分装

待到把样品研磨均匀后,分别装于样品袋或样品瓶内,并填写两份土壤标签,瓶内或袋内一份,瓶外或袋外贴一份。

(4)样品保存

按样品名称、编号和粒径分类保存。对样品进行保存时,应尽量避免用含有待测组分或对测试有干扰的材料制成的容器盛装保存样品,测定有机污染物用的土样要选用玻璃容器保存。具体保存条件见表 4-13。

表 4-13　新鲜样品的保存条件和保存时间

测试项目	容器材质	温度/℃	可保存时间/d	备注
金属	玻璃、聚乙烯	<4	180	
挥发性有机物	棕色玻璃	<4	7	采样瓶装满装实并密封
难挥发性有机物	棕色玻璃	<4	14	
半挥发性有机物	棕色玻璃	<4	10	采样瓶装满装实并密封

续表

测试项目	容器材质	温度/℃	可保存时间/d	备注
砷	玻璃、聚乙烯	<4	180	
氰化物	玻璃、聚乙烯	<4	2	
汞	玻璃	<4	28	
六价铬	玻璃、聚乙烯	<4	1	

预留样品与测定完成后的数据应在样品库造册保存。分析取用后的剩余样品一般也要保留 2 年。对于特殊的样品要永久保存。样品库的样品要定期清理,防止霉变、鼠害及标签脱落,保持干燥、通风、无污染、无阳光直射。样品的入库、领用与清理均需记录。土壤污染常规监测制样的过程如图 4-6 所示。

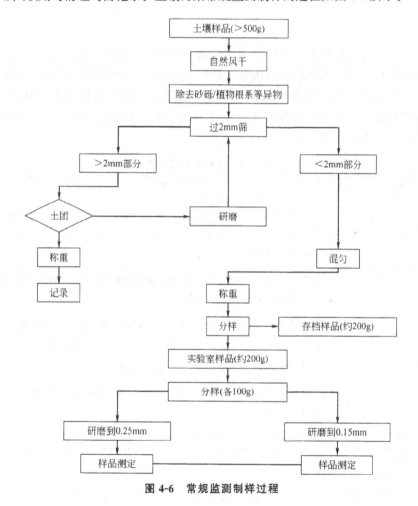

图 4-6　常规监测制样过程

4.3.3 土壤样品的预处理

由于分析的成分和选用的方法不同,所要求的预处理方法也不同。一些核技术分析方法如 X 射线荧光分析法、中子活化法、同位素示踪法等可用制备的固体样品直接测定。但经常用的诸如原子吸收法、色谱法、普通的分光光度法、滴定法等却需要将固体样品转化为溶液进行分析。土壤中成分的鉴定,包括全量成分及有效成分或某种形态的测定。一般无机成分全量成分测定时的预处理称为消解或消化处理,某种形态或有机成分测定的预处理称为提取。

1. 土壤样品分解方法

(1)酸分解法

酸分解法是测定土壤中重金属常选用的方法,也称之为消解法。分解土壤样品常用的混合酸消解体系有盐酸-硝酸氢氟酸-高氯酸、硝酸-氢氟酸-高氯酸、硝酸-硫酸-高氯酸、硝酸-硫酸-磷酸等。用酸分解样品时应注意在加酸前加少许水将土壤湿润,待样品分解完全后,将剩余的酸除去。用酸分解法时常用的酸及其性质见表 4-14。

表 4-14　常用酸及其性质

酸	沸点	性质
$HClO_4$	203℃	加热时释放出强氧化性物质,是一种强氧化剂,也是一种强酸,可很好地破坏土壤有机质,但消解植物样品时形成一种不稳定的酯,易爆炸
HNO_3	121℃	在加热或见光时分解释出 O_2,能促进矿物与有机物的氧化分解,但因沸点低,常和其他酸混用
H_3PO_4	213℃	加热失水形成焦磷酸,H_3PO_4 对铬铁矿具有特殊的分解能力,可以络合 Fe^{3+} 等干扰物质,从而利于消化液光度测定
H_2SO_4	338℃	$H_2SO_4 \rightarrow H_2O + SO_2 + [O]$,[O]具强氧化性
HF	120℃	能破坏土壤中的硅酸盐,生成 SiF_4 等,但沸点太低,故常与 H_2SO_4 混合用
HCl	108℃	Cl^- 有络合作用,使消解更易

(2)碱熔分解法

碱熔分解法是将土壤样品与碱混合,在高温下熔融,使样品分解的方法。该方法具有操作简单,迅速,分解样品完全,且不产生大量酸蒸汽的特点。碱熔分解法常用的熔剂有过氧化钠、偏硼酸锂、氢氧化钠、碳酸钠等。所用器皿有镍坩埚、铂金坩埚、磁坩埚和铝坩埚等。由于该方法所使用的试剂量大,所以在使用过程中引入了大量的可溶性盐,与此同时,也会引进污染物质。另外,例如铬、镉等重金属在高温下易挥发损失。

(3)微波炉加热分解法

该方法是将土壤样品和混合酸放入聚四氟乙烯容器中,置于微波炉内加热使样品分解的方法。由于微波炉加热分解法不是利用热传导方式使土样从外部受热分解,而是以土样与酸的混合液作为发热体,从内部加热使土样分解,热量几乎不向外部传导损失,所以热效率非常高,并且利用微波炉能激发搅拌和充分混匀土样,使其加速分解。

2. 土壤样品的提取方法

(1)有机污染物的提取

测定土壤中的有机污染物通常采用振荡提取法提取新鲜土样。如若想提高提取效率,可用索氏提取器提取法。常用二氯甲烷、石油醚、三氯甲烷、丙酮、环己烷等作为提取剂。

(2)无机污染物的提取

土壤中易溶无机物组分,有效态组分可用酸或水浸取,用水浸取时,要定期检测水浸提液,以便掌握土壤 pH 以及含盐量等动态,从而判断土壤质量及其对农作物的适应情况及危害等。具体操作是用 0.1mol/L 盐酸振荡提取铜、锌、镉,用蒸馏水提取构成 pH 的组分,用无硼水提取有效态硼等。

3. 净化浓缩

土壤样品中的欲测组分被提取后,往往还存在干扰组分,或达不到分析方法测定要求的浓度,需要进一步净化或浓缩。常用净化方法有层析法、蒸馏法等。浓缩方法有 K-D 浓缩器法、蒸发法等。土壤样品中的氰化物、硫化物常用蒸馏-碱溶液吸收法分离。

4.4　土壤污染的测定

4.4.1　土壤污染物的分析方法

我国土壤环境监测技术规范(HJ/T 166—2004)提出了三种分析方法。

方法一：标准方法，按土壤环境质量标准中选配的分析方法。

方法二：由权威部门规定或推荐的方法。

方法三：根据各地实情，自选等效方法，但其准确度、检出限、精密度等都不得低于相应的通用方法要求水平或待测物准确定量的要求。

土壤监测项目与分析方法汇总见表 4-15。

表 4-15　土壤监测项目与分析方法

监测项目	推荐方法	等效方法
砷	COL	HG-AAS、HG-AFS、XRF
镉	GF-AAS	POL、ICP-MS
钴	AAS	GF-AAS、ICP-AES、ICP-MS
铬	AAS	GF-AAS、ICP-AES、XRF、ICP-MS
铜	AAS	GF-AAS、ICP-AES、XRF、ICP-MS
氟	ISE	
汞	HG-AAS	HG-AFS
锰	AAS	ICP-AES、INAA、ICP-MS
镍	AAS	GF-AAS、XRF、ICP-AES、ICP-MS
铅	GF-AAS	ICP-MS、XRF
硒	HG-AAS	HG-AFS、DAN 荧光、GC
钒	COL	ICP-AES、XRF、INAA、ICP-MS
锌	AAS	ICP-AES、XRF、INAA、ICP-MS
硫	COL	ICP-AES、ICP-MS
pH	ISE	
有机质	VOL	
PCBs、PAHs	LC、GC	
阳离子交换量	VOL	
VOC	GC、GC-MS	
TVOC	GC、GC-MS	
除草剂和杀虫剂类	GC、GC-MS、LC	
POPs	GC、GC-MS、LC、LC-MS	

注：GF-AAS：石墨炉原子吸收分光光度法；GC：气相色谱法；ICP-AES：电感耦合等离子体发射光谱法；COL：分光比色法；XRF：X 射线荧光光谱分析；GC-MS：气相色谱-质谱联用法；AAS：火焰原子吸收分光光度法；INAA：中子活化分析法；HG-AAS：氢化物发生原子吸收法；LC：液相色谱法；HG-AFS：氢化物原子荧光法；LC-MS：液相色谱-质谱联用法；POL：催化极谱法；ICP-MS：等离子体-质谱联用法；VOL：容量法；ISE：离子选择性电极。

4.4.2　土壤含水量的测定

无论用新鲜土样还是风干土样测定污染组分时,都需要测定土壤含水量,以便计算按烘干土为准的测定结果。土壤含水量的测定要点是,对于新鲜土样,用感量 0.01g 的天平称取适量土样,放于已恒重的铝盒中。对于风干样,用感量 0.001g 的天平称取适量通过 1mm 孔径筛的土样,置于已恒重的铝盒中。将称量好的风干土样和新鲜土样放入烘箱内,于 105±2℃烘至恒重,按以下两式计算水分含量:

$$水分含量(分析基)\% = \frac{m_1 - m_2}{m_1 - m_0} \times 100$$

$$水分含量(烘干基)\% = \frac{m_1 - m_2}{m_1 - m_0} \times 100$$

式中,m_0 为烘至恒重的空铝盒重量(g);m_1 为铝盒及土样烘干前的重量(g);m_2 为铝盒及土样烘至恒重的重量(g)。

4.4.3　土壤中重金属污染物的测定

在国内外的现行标准中,土壤重金属污染物测定主要是针对重金属元素的总量进行测定。根据我国《土壤环境监测标准》(GB 15618—1995)规定,土壤中重金属污染常规监测项目有铜、锌、镉、铬、锰、镍、铅、汞 8 种,其测定方法、监测范围和仪器见表 4-16。

表 4-16　土壤中重金属元素的测定

项目	测定方法	监测范围/ (mg/kg)	仪器
铜	土样经盐酸-硝酸-高氯酸消解后,火焰原子吸收分光光度法测定	≥1.0	可见分光光度计(440nm)
锌	土样经盐酸-硝酸-高氯酸消解后,火焰原子吸收分光光度法测定	≥0.5	可见分光光度计(528nm)
镉	土样经盐酸-硝酸-高氯酸消解后: ①石墨炉原子吸收分光光度法测定 ②萃取-火焰原子吸收法测定	≥0.005 ≥0.025	原子吸收分光光度计

续表

项目	测定方法	监测范围/（mg/kg）	仪器
铬	土样经硫酸-硝酸-氢氟酸消解后： ①加氯化铵溶液，火焰原子吸收分光光度法测定 ②高锰酸钾氧化，二苯碳酰二肼分光光度法测定	≥2.5 ≥1.0	可见分光光度计
锰	土样经硝酸-氢氧酸-高氯酸消解后，原子吸收法测定	≥0.005	原子吸收分光光度计
镍	土样经盐酸-硝酸-高氯酸消解后，火焰原子吸收分光光度法测定	≥2.5	原子吸收分光光度计
铅	土样经盐酸-硝酸-氢氟酸-高氯酸消解后： 石墨炉原子吸收分光光度法测定 萃取—火焰原子吸收法测定	≥0.06 ≥0.4	可见分光光度计（510nm）
汞	土样经硝酸-硫酸-五氧化二钒或硫酸-硝酸-高锰酸钾消解后，冷原子吸收法测定	≥0.004	测汞仪

　　然而，金属污染物的迁移和转化规律并不取决于污染物的总浓度或总量，而是取决于其在土壤环境中存在的化学形态。由于不同化学形态的重金属其毒理特性不同，对土壤中重金属元素还要进行形态分析。土壤中重金属的形态分析一般采用五步连续提取法：可交换态、碳酸盐结合态、铁锰氧化结合态、有机结合态、残渣态。其中，对于可交换态和碳酸盐结合态金属易迁移转化，铁锰氧化结合态和有机结合态较稳定，残渣态的重金属在自然条件下不易释放出来。

4.4.4　土壤中非金属无机污染物的测定

　　土壤中非金属无机污染物测定包括氟化物、氰化物、硫化物和砷化物等，其测定方法、监测范围和仪器见表 4-17。

表 4-17　土壤中非金属无机化合物的测定

项目	测定方法	监测范围/（mg/kg）	仪器
氟化物	①氢氧化钠 600℃熔融 30min，浓盐酸调制 pH 为 8～9，离子选择性电极法测定 ②硫酸-磷酸消解后，氟试剂分光光度测定	≥0.1 ≥0.0005	可见分光光度计氟离子选择性电极

续表

项目	测定方法	监测范围/(mg/kg)	仪器
氰化物	土样在 ZnAc 及酒石酸溶液中蒸馏分离,异烟酸-吡唑啉酮分光光度法测定	≥0.00005	可见分光光度计
硫化物	①硫酸消解后,间接碘量法测定 ②盐酸消解土样蒸馏,对氨基二甲苯胺分光光度法测定	≥0.016 ≥0.002	分光光度计 滴定分析
砷化物	①土样经硝酸-盐酸-高氯酸消解后,硼氢化钾-硝酸银分光光度法测定 ②土样经硫酸-硝酸-高氯酸消解后,二乙基二硫代氨基甲酸银分光光度法测定	≥0.1 ≥0.5	分光光度计

除上述物质的测定外,还有有机与无机污染物的测定等。其中土壤质量有机氯农药的测定采用气相色谱-质谱法、双 ECD 气相色谱法等。另外,像多环芳烃、二噁英、多氯联苯等都有其相应的测定方法。

4.5　土壤污染的生态治理

4.5.1　土壤污染的概念及判断依据

对于土壤污染的概述,不同的研究者从不同的层面进行了定义,总的来讲,土壤污染是由于人为地有意识或无意识地将有害有毒物质带入土壤中,其输入数量和速度超过了土壤自然净化的能力,以致污染物质在土壤中不断积累并达到一定的浓度,超过了土壤环境容量,破坏了土壤的组成、结构和功能,并对人类生产及人体健康产生不利影响的现象和过程。

为了更好地理解土壤污染,我们有必要引入土壤环境背景值这一概念,它是指某一特定时期、特定区域内,在不受人为或少受人为干扰的情况下,该地区在其正常自然条件的综合作用下,土壤本身化学元素的含量。由于土壤污染的危害具有隐蔽性、潜在性、滞后性等特点,而且各地区土壤本身的特性存在很大差异,因此,世界各国都没有一个统一的评价标准。不过,一般土壤现状评价都需要根据评价目的、要求及其技术力量来选用标准,例如我国无公害蔬菜产地的土壤现状评价可参照国家土壤环境质量的评价标准《农产品安全质量:无公害蔬菜产地环境要求》(GB/T 18407.1—2001)来执行。

4.5.2　土壤污染的修复

土壤污染主要是因为土壤污染物进入土壤后改变了土壤的成分、性质以及结构,降低了土壤的功能,从而影响到人类的身体健康。造成土壤污染的因素有很多,主要是因为重金属、农药、石油、放射性元素以及病原微生物等所造成的。土壤污染导致了严重的直接经济损失,农产品品质下降,大气污染、地表、地下水的污染以及生态系统的退化,危害人体健康。因此,解决土壤污染的生态治理问题,被提上了日程。

土壤污染的生态治理主要包括"防"与"治"两方面,即采取切实有效的措施切断污染源的同时,对已经污染的土壤进行改良、治理。目前,国内外对土壤污染的生态治理主要有物理、化学和生物三大治理措施。

物理治理是一种基于机械物理或物理化学原理的工程技术,采用物理法治理土壤污染需要经过培训的专业人员和特殊的仪器,从根本上解决问题,因此采用物理法治理土壤污染的成本较高。

化学治理是一种基于污染物土壤化学行为的改良技术,其方法是通过添加外来物质,改变土壤的化学性质,从而改变污染物的形态及其生物有效性,最终抑制污染物的扩散。但是化学方法治理生态的成本也比较高,而且效率低,会破坏土壤结构和微生物区系,破坏生态平衡。

生物治理是指利用生物的生命代谢活动降低环境中有毒有害物质的浓度,从而使被污染的环境能够部分或全部恢复到原有状态。一般生物治理可根据治理主体、环境要素和治理场所进行分类。根据治理主体不同可分为微生物治理、植物治理、动物治理和生态治理4种。根据环境要素的不同可分为土壤治理、河流生物治理、湖泊水库生物治理、海洋生物治理、地下水生物治理和大气生物治理。根据治理场所的状态不同可分为原位生物治理、异位生物治理和联合生物治理。生物治理的特点是成本低、效果好、易管理。生物治理技术起源于有机物的治理,最初的生物治理是从微生物的利用开始的,因此积累了丰富的有关微生物修复的技术经验和理论知识。

污染土壤的生物治理主要是通过土壤中微生物来吸收或者改变污染物的化学性质,主要有微生物的吸附与富集、微生物的氧化还原等方法。一般土壤污染的生物治理包括原位微生物治理、异位微生物治理和联合微生物治理三类。原位微生物的治理是指在基本不破坏自然环境的条件下,对受污染的土壤不作任何搬迁或运输,而在原场所进行治理。这样的治理方法提高了微生物的转化能力,适用于大面积、低污染的土壤治理。这种治理方法的成本较低,但效果欠佳。异位微生物治理是指将受污染的土壤搬迁或运输到其他场所进行集中治理,这种方法治理的效果好,但成本较高,仅适用于小面积土壤污染的治理。而联合微生物治理就是结合了原位微生物治理与异位微生物治理的优点提出来的,可以扬长避短,有望成为今后土壤治理的重要措施之一。

第5章　固体废物污染监测技术

目前,环境污染的主要问题是水污染和大气污染,但是,其他的环境污染问题如固体废物的污染亦是不可忽略的重要问题,并随着经济的发展和资源的枯竭愈显迫切。固体废物不同于大气污染和水污染,它并不是一种环境介质,而是一种污染物,它本身不会被污染,而是造成其他环境介质和环境要素的污染。因此,了解固体废物的来源和危害,加强固体废物的检测和管理是环境保护工作的重要任务之一。

5.1　概　　述

5.1.1　固体废物的定义

人类生存的空间中固体废物随处可见,人们所熟知的有生活垃圾、废纸、废旧塑料、废旧玻璃、陶瓷器皿等固态物质。人们对固体废物的理解并不完全一致,目前尚无学术上统一的确切界定,许多国家把污泥、人畜粪便等半固态物质和废酸、废碱、废油、废有机溶剂等液态物质也列入了固体废物。而我国 2004 年修订的《中华人民共和国固体废物污染环境防治法》中规定:固体废物,是指在生产、生活和其他活动中产生的丧失原有利用价值或者虽未丧失利用价值但被抛弃或者放弃的固态、半固态和置于容器中的气态的物品、物质以及法律、行政法规规定纳入固体废物管理的物品、物质。

固体废物是一个相对概念,因为往往从一个生产环节看,被丢弃的物质是废物,是无用的,但从另一生产环节看又往往可作为生产原料,因而是有用的。因此固体废物又有"在时空上错位的资源"的称谓。

5.1.2　固体废物的分类

1. 固体废物的来源

固体废物来自人类活动的许多环节,主要包括生产过程和生活过程的一些环节。表 5-1 列出了从各类发生源产生的主要固体废物。

表 5-1　从各类发生源产生的主要固体废物

发生之源	产生的主要固体废物
居民生活	食物、燃料灰渣、布、垃圾、废器具、脏土、纸、碎砖瓦、木、庭院植物修剪物、玻璃、金属、陶瓷、塑料、粪便、杂品等
食品加工	硬壳果、肉、水果、谷物、烟草、蔬菜等
纺织服装工业	橡胶、金属、纤维、布头、塑料等
农业	水果、果树枝条、秸秆、糠秕、农药、蔬菜、人和禽畜粪便等
矿业	废木、废石、砖瓦和水泥、砂石、尾矿、金属等
建筑材料工业	陶瓷、纤维、石、黏土、金属、纸、石膏、砂、石棉、水泥等
石油化工工业	橡胶、陶瓷、塑料、石棉、化学药剂、涂料、污泥油毡、金属、沥青等
市政维护、管理部门	脏土、金属、死禽畜、污泥、碎砖瓦、锅炉灰渣、树叶等
电器、仪器仪表灯工业	橡胶、金属、研磨料、化学药剂、绝缘材料、玻璃、木、陶瓷、塑料等
商业、机关	纸、布、陶瓷、玻璃、食物、脏土、垃圾、塑料、木、燃料灰渣、金属、管道、含有易爆、易燃、放射性废物、粪便、沥青、庭院植物修剪物、腐蚀性、废器具、碎砖瓦、碎砌体、杂品、其他建筑材料以及废汽车、废器具、废电器等
橡胶、皮革、塑料等工业	纤维、皮革、橡胶、线、塑料、布、金属、染料等
冶金、金属结构、交通、机械等工业	污垢、烟尘、模型、金属、废木、渣、塑料、砂石、陶瓷、橡胶、绝热和绝缘材料、涂料、黏结剂、纸、管道、各种建筑材料等
造纸、林业、印刷等工业	碎木、金属填料、塑料、锯末、刨花、化学药剂等
核工业和放射性医疗单位	污泥、粉尘、含放射性废渣、金属、器具和建筑材料等

2. 固体废物的分类

固体废物来源广泛,种类繁多,组分复杂,分类方法也多种多样。按其化学成分可分为有机废物和无机废物;按其危害性可分为一般固体废物和危险固体废物;按其形态可分为固体废物和泥状废物。为了便于管理,通常按其来源分类,《中华人民共和国固体废物污染环境防治法》中将固体废物分为城市固体废物、工业固体废物和危险废物三大类。考虑到我国是农业大国,农业废弃物的数量日渐增多,对环境的污染越来越严重,有必要把它单独列出。因此本书将固体废物分为城市生活垃圾、工业固体废物、农业固体废物和危险废物四大类。

(1)城市固体废物

城市固体废物主要是指在城市日常生活中或者为城市日常生活提供服务的活动中产生的固体废弃物。一般来说,城市每人每天的垃圾量为1～2kg,其多寡及成分与居民物质生活水平、习惯、废旧物资回收利用程度、市政建筑情况等有关。这么多人生活在一个城市,而城市又是高度集中、环境被大大人工化的地区,城市垃圾所产生的污染极为突出。

(2)工业固体废物

工业废物是指在工业、交通等生产过程中产生的固体废物。工业固体废物主要包括冶金工业固体废物、采矿废石、染料废渣、冶炼废渣、化工生产以及选矿尾矿等。工业固体废物按其来源及物理性状可分为6类,主要包括石油化学工业固体废物、轻工业固体废物、冶金工业固体废物、矿业固体废物、能源工业固体废物和其他工业固体废物等。

(3)农业固体废弃物

农业固体废弃物是指来自农、林、牧、渔各业生产,畜禽饲养,农副产品加工以及农村居民生活所产生的废物,如植物秸秆。人和畜禽的粪便等。我国农业的废弃物以稻草、麦草和玉米秆为主,每年稻草和麦草的产量达3亿吨,玉米秆达2亿吨。由于各种原因,大部分都被丢弃于田间地头,一部分靠焚烧处理,每年约有3.5亿吨作物秸秆被燃烧掉。

(4)危险废物

危险废物又称有害废物,泛指除放射性废物外,具有反应性、易燃性、传染性、腐蚀性、毒性、爆炸性,可能对人类的生活环境产生危害的废物。危险废物的越境转移已成为严重的全球环境问题之一,如不采取措施加以控制,势必会对全球造成严重危害。危险废物的鉴别是指列入国家危险废物名录或是根据国家规定的危险废物鉴别标准和鉴别方法认定具有危险特性的废物。各国均制定了相应的鉴别标准和危险废物名录,我国于1998年制定并颁布了《国家危险废物名录》和《危险废物鉴别标准》。

5.1.3 固体废物的危害

随着经济的不断增长,生产规模的不断扩大,人类需求的不断增加,固体废物排放量增长十分迅速。自 20 世纪 80 年代以来,工艺固体废物的增长非常迅速,与经济发展几乎是同步的。据统计,中国 200 万以上人口的城市,人均日排生活垃圾 0.62～0.98kg,中小城市为 1.1～1.3kg。截止到 2007 年全国城市垃圾已达 $1.25×10^8$ t,且每年还在以大约 10% 的平均速度递增。固体废物排放量的增长给环境带来了一系列问题,对人类环境的危害主要表现在以下几个方面。

(1)侵占土地

固体废物不能够到处迁移和扩散,必须占用大量的土地,堆积量越大,占地越多。由于大量固体废物的产生与积累,已有大片土地被堆占。据估算,每堆积 10000t 废物,约占地 1 亩(1 亩＝$666.67m^2$)。城市固体废物侵占土地的现象已经越来越严重,我国现在堆积的工业固体废物有 $6×10^9$ t,生活垃圾有 $5×10^8$ t,估计每年有几万公顷的土地被它们侵占,同时也严重破坏了地貌、植被和自然景观。这对人口众多、可耕地面积较少的我国而言,将是极大的威胁。

(2)污染土壤

废物堆放或未采取适当措施防渗的垃圾填埋场,有毒有害组分很容易因日晒雨淋、地表径流的侵蚀风化等原因而侵入土壤,使土壤酸化、盐碱化、毒化,改变土壤的性质,破坏土壤的结构,影响土壤微生物的活动或被杀灭,使土壤丧失腐解能力,导致草木不生。另外,被废物污染的土地面积往往大大超过堆放所占据的面积。

(3)污染大气

固体废物在自然环境中堆置很容易受物理化学作用产生飞尘、恶臭等有害气体,污染大气环境。除此之外,固体废物中所含的粉尘及其他颗粒物大部分都含有对人体有害的成分,有的还是病原微生物的载体,对人体健康造成危害。而且城市堆放的生活垃圾,非常容易发酵腐化,产生恶臭,招引蚊蝇、老鼠等孳生繁衍,有导致传染疾病的潜在危险。某些固体废物如煤矸石自燃会散出大量的 SO_2、CO_2、NH_4 等气体,会造成严重的大气污染。另外,采用焚烧法处理固体废物也会污染大气。

(4)污染水体

许多沿江河湖海的城市和工矿企业,长期直接把固体废物排进临近水域。这种做法不仅破坏了天然水体的生态平衡,妨碍水资源的利用,而且还会使水域面积减少,严重时会阻塞航道。据统计,全国水域面积和新中国成立初期相比,已减少了 $1.33×10^7 m^2$。全国水系沿岸的发电厂,每年向长江、黄河水域排放数以千万吨的灰渣。大量固体废物向海洋倾倒和堆积,也严重污染了沿海滩涂和邻近水域,恶化了生态环境,破坏了滩涂地貌。

（5）其他危害

某些特殊的有害固体废物的排放，除以上各种危害外，固体废物还可能造成燃烧、爆炸、严重腐蚀、接触中毒等特殊损害。大量的资源、能源会随固体废物的排放而流失，最后可能以各种方式和途径由呼吸道、消化道和皮肤进入人体，对人类健康的影响具有多样性、长期性和潜在性，不容忽视。另外，固体废物在城市里大量堆放又处理不妥，不仅妨碍市容，而且有害城市卫生，会造成潜在的长期威胁，加剧对人类的危害。

5.2 固体废物样品的采集和制备

5.2.1 样品的采集

（1）采样前的准备

为使采样的固废样品具有足够的代表性，在采集之前首先要进行调查，对固体废物的来源、生产工艺过程、废物的类型、排放数量、堆积历史、危害程度和综合利用等情况进行研究，在此基础上制定详细的采样方案。如果采集有害废物还应根据其有害特性采取相应的安全措施。

（2）采样工具

常用的采样工具有钢尖镐、具盖采样桶、尖头钢锹、采样铲、采样钻、气动和真空探针等。

（3）采样程序

根据工业固体废物采用制样规范（HJ/T 20—1998）进行操作。主要有三个步骤：①根据固体废物批量大小确定份样数；②根据固体废物的最大粒度确定份样量；③根据固体废弃物的赋存状态，选用不同的采样方法，在每个采样点上采取一定质量的物料，组成总样，并认真填写采样记录。

1）确定份样数

份样是指有一批废物中的一个点或一个部位，按规定量取出的样品。根据固体废物批量大小按表 5-2 确定应采的分样个数。

表 5-2 批量大小与最少份样数

批量大小	最少份样个数（个）
<1	5
≥1	10

批量大小	最少份样个数(个)
≥5	15
≥30	20
≥50	25
≥100	30
≥500	40
≥1000	50
≥5000	60
≥10000	80

采样单元的多少主要取决于两方面,一方面是采样的准确度,采样的准确度要求越高,采样单元应越多;另一方面是物料的均匀程度,物料越不均匀,采样单元就应越多。最少采样单元数可以根据物料批量的大小进行估计。

2)确定份样量

试验所需样品的最小质量可根据经验公式 $m_Q = kd^a$ 确定。式中,k、a 为经验常数,试样越不均匀,k 值越大,a 一般取 $1.5 \sim 2.7$;d 为试样的最大粒度直径。固体废物的最大粒度通常按表 5-3 确定每个份样应采的最小质量。

表 5-3　份样量和采样铲容量

最大粒度/mm	最小份样质量/kg	采样铲容量/mL
>150	30	
100～150	15	16000
50～100	5	7000
40～50	3	1700
20～40	2	800
10～20	1	300
<10	0.5	125

3)采样填表

根据采样方法,随机采集份样,组成总样(如图 5-1 所示采样示意图)并认真填写采样记录表。

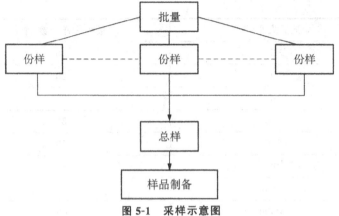

图 5-1　采样示意图

（4）采样方法

1）现场采样

在现场采样时，首先要确定的就是样品的批量，然后按下式计算出采样间隔进行流动间隔采样：

$$采样间隔 \leqslant \frac{批量(t)}{规定的份样数}$$

需要注意的是，在采第一个份样时，不允许在第一间隔的起点开始，可以在第一间隔内任意确定。图 5-2 所示为用传送带传送废物的现场图。

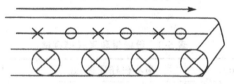

图 5-2　传送带传送废物的现场采样示意图

╳—间隔点；○—采样点

2）运输车及容量采样

如果在运输一批固体废物时，车数少于该批废物规定的份样数时，则每车份样数都可按下式计算，如果计算结果为小数，则要四舍五入为整数。当车数不少于规定的份样数时，则按表 5-4 选出所需最少的采样车数，然后从所选车中随机采集一个子样。

$$每车应采份样数 = \frac{规定份样数}{车数}$$

表 5-4　所需最少的采样车数

车数（容器）	所需最少采样车数
<10	5
10~25	10
25~50	20
50~100	30
>100	50

特别要注意的是,如果把一个容器作为一个批量,按表 5-2 中规定最少份样数的 1/2 确定;如果把 10 个容器作为一个批量,则按下式确定最少容器:

$$最少容器数 = \frac{表 5\text{-}2 中规定的最少份样数}{容器数}$$

在车中,采样点应该均匀分布在车厢的对角线上,如图 5-3 所示,端点距车角应该大于 0.5m,表层去掉 30cm。

图 5-3　车厢中的采样布点示意图

○—采样点

3)废渣堆采样

在废渣堆两侧距堆底 0.5m 处画第一条横线,再每隔 2m 画一条横线的垂线,其焦点作为采样点。按表 5-2 确定的份样数,确定采样点,在每点上从 0.5~1.0m 深处各随机采样一份,如图 5-4 所示。

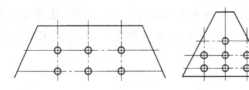

图 5-4　废渣堆中采样点的分布

○—采样点

5.2.2　样品的制备

(1)制样要求

①在制样的全过程中,应防止样品产生任何变化和污染。尽量保持样

品原有的状态。

②对于潮湿的样品,应该置于室温下自然干燥,令其达到适于破碎、筛分、缩分的程度。

③制备的样品应按要求过筛,装瓶备用。

(2)制样工具

制样工具有粉碎机械、标准套筛、药碾、十字分样板、钢锤、机械缩分器等。

(3)制样程序

原始的固体试样往往数量很大、颗粒大小悬殊、组成不均匀,无法进行实验分析。因此在实验分析之前,需对原始固体试样进行加工处理,称为制样。制样主要包括以下几个步骤。

1)干燥

将所采样品均匀平铺在洁净、干燥、通风的房间内自然干燥。种类较多的样品应该用滤纸隔开,以避免样品受外界环境污染和交叉污染。

2)破碎

用机械或手动方法把全部样品逐级破碎,以使样品的粒度减小到可以通过 5mm 筛孔。将干燥后的样品根据其硬度和粒径的大小,采用适宜的粉碎机械,分段粉碎至所要求的粒度,不可随意丢弃难以破碎的粗粒。

3)筛分

根据样品的最大粒径选择相应的筛号,分阶段筛出全部粉碎样品,以保证90%以上的样品处于某一粒度范围。筛上部应全部返回粉碎工序重新粉碎,不得随意丢弃。

4)缩分

缩分通常采用四分法缩。在平整、清洁、不吸水的板面上将样品堆成圆锥形,使每铲物料都自圆锥的顶端落下,反复转锥,使其充分混合。然后将物料摊开,分成四等份,重复操作切分数次,直至得到需要的试样量为止,如图 5-5 所示。

图 5-5　样品缩分示意图

当把样品制备好之后,应将其保存在不受外界环境污染的洁净房间内,并密封于容器中保存,贴上标签备用。需要注意的是,特殊样品要采取冷冻或充惰性气体等方法保存,且在保存标签上写明信息。制备好的样品,一般有效期为三个月,易变质的试样可根据其性质做相应的调整。最后填好采样记录表(表 5-5),一式三份,分别存于有关部门。

表 5-5　采样记录表

样品登记号		样品名称	
采样地点		采样数量	
采样时间		废物所属单位名称	
采样现场描述			
废物产生过程简述			
样品可能含有的主要有害成分			
样品保存方式及注意事项			
样品采集人			
接收人			
负责人签字			
备注			

5.3　固体废物监测

5.3.1　生活垃圾分析

1. 物理成分和物理性质分析

(1)垃圾容量的测定

①设备:磅秤,标准容器,溶剂 100L 的硬质塑料圆桶。

②步骤:将按前述方法规定的 100～200kg 样品重复 2～4 次放满标准容器,稍加振动但不得压实,分别称量各次样品重量。

③结果的表示:按下式计算容量:

$$d = (1000/m) \sum_{j=1}^{m} M_j / V$$

式中,d 为容量,kg/m³;m 为重复测定次数;j 为重复测定序次;M_j 为每次样品重量,kg;V 为样品体积,L。结果以 4 位有效数字表示。

(2)垃圾物理成分的分析

①设备:分选筛,磅秤,台秤。

②步骤:首先称量样品总重,再按粗分检生活垃圾标准制样方法要求的25~50kg样品中各成分。将粗分检后剩余的样品充分过筛,筛上物细分各成分,筛下物按其主要成分分类,确实分类困难的为混合类,随后分别称量各成分重量。

③结果的表示:按下面两式计算各成分含量:

$$C_{i(湿)} = M_i/M \times 100$$

$$C_{i(干)} = C_{i(湿)} \times (100 - C_{i(水)})/(100 - C_水)$$

式中,$C_{i(湿)}$为湿基某成分含量,%;M_i为某成分重量,kg;M为样品总重量,kg;$C_{i(干)}$为干基某成分含量,%;$C_{i(水)}$为某成分含水率,%;$C_水$为样品含水率,%。结果以4为有效数字表示。

(3)垃圾含水率的测定

①设备:电热鼓风恒温干燥箱,天平,干燥器。

②步骤:先将垃圾物理成分分析中得到各成分样品破碎至粒径小于15mm的细块,分别充分混合搅拌,用四分法缩分3次,分别称取垃圾物理成分分析中各成分的1/10的重量,分成重复2~3次测定的试样。将试样置于干燥的搪瓷盘内,置于干燥箱,在105±5℃的条件下烘4~8h,取出放到干燥器中冷却0.5h后称重。重复烘1~2h,冷却0.5h后再称重,直至恒重,使两次称量之差不超过试样量的4‰。

③结果的表示:按下列量式计算含水率:

$$C_{i(水)} = \frac{1}{m} \sum_{j}^{m} [M_{j(湿)} - M_{i(干)}]/M_{j(湿)} \times 100$$

$$C_水 = \sum_{i}^{m} [C_{i(水)} \times C_{i(湿)}]/100$$

式中,$C_{i(水)}$为某成分含水率,%;$C_水$为样品含水率,%;$M_{j(湿)}$为每次某成分湿重,g;$M_{i(干)}$为每次某成分干重,g;n为各成分数;i为各成分序数。结果以4位有效数字表示。

(4)垃圾可燃物的测定

①设备:马福炉,小型万能粉碎机,标准筛,天平,干燥器,坩埚及坩埚钳,耐热石棉板。

②步骤:首先将缩分后的样品粉碎至粒径小于0.5mm的微粒,在105±5℃的条件下烘干至恒重,然后将所得干重样品1/10重量集中充分混合搅拌,用四分法缩分5次。每次称取试样5±0.1g,共2~3个重复试样分别摊平于预先干至恒重的坩埚中,然后将坩埚放入马福炉中,在30min

内将炉温缓慢升到 500℃,保持 30min,再将炉温升到 815±10℃,在此温度下灼烧 1h。停止灼烧后,将坩埚取出放在石棉板上,盖上盖,在空气中冷却 5min,然后将坩埚放入干燥器,冷却至室温即可称重。重复烧灼 20min,冷却至室温后称至恒重。

③结果的表示:按下列两式计算可燃物及灰分含量:

$$C_{灰(干)} = \frac{1}{m} \sum_{j}^{m} M_{j(灰)}/M_j \times 100$$

$$C_{可燃(干)} = 100 - C_{灰(干)}$$

式中,$C_{灰(干)}$ 为干基灰分含量,%;$C_{可燃(干)}$ 为干基可燃物含量,%;$M_{j(灰)}$ 为每次灰分重量,g;M_j 为每次试样重量,g。结果以 4 位有效数字表示。

按下列两式换算三成分含量:

$$C_{可燃} = C_{可燃(干)} \times (100 - C_{水})/100$$

$$C_{灰} = 100 - C_{可燃} - C_{水}$$

式中,$C_{可燃}$ 为三成分法的可燃物含量,%;$C_{灰}$ 为三成分法的灰分含量,%。结果以 4 位有效数字表示。

(5)垃圾发热量的测定

①仪器:氧弹式热量计;天平。

②试样的设备:根据不同的情况选择各成分样或混合样。

③试样的保存:试样应尽快测定,否则必须放在干燥器里的试样瓶中保存,试样保存期为 3 个月。保存期内试样如吸水,则要再次在 105±5℃ 的条件下烘干至恒重,才能测定。

④步骤。

按照煤的发热量测定方法(GB 213—1996)和热量计有关的规程操作,各成分样分别测或只测混合样品,每个样重复测定 2～3 次取平均值。

⑤结果的表示。将各成分样的测定值按下式计算出样品发热量:

$$Q_{高(干)} = \sum_{i=1}^{n} [Q_{i高(干)} \times C_{i(干)}/100]$$

式中,$Q_{高(干)}$ 为样品干基高位发热量,kJ/kg;$Q_{i高(干)}$ 为某成分干基高位发热量,kJ/kg。

氧弹热量计直接测定并经上式计算出的发热量可近似作为干基高位发热量并按下列两式换算成湿基地位发热量:

$$Q_{低(湿)} = Q_{高(湿)} - 24.4[C_{水} + 9H_{(干)}(100 - C_{水})/100]$$

式中,$Q_{高(湿)}$ 为湿基高位发热量,kJ/kg;$Q_{低(湿)}$ 为湿基低位发热量,kJ/kg;24.4 为水的汽化热常数,kJ/kg;$H_{(干)}$ 为干基氢元素含量,%。结果以 5 位有效数字表示。

当氢含量无法测定时,可按下式和表 5-6 由各成分氢含量计算出试样氢含量后参与计算。

$$Q_{高(湿)} = [Q_{i(高)} \times C_{i(干)}/100 \times (100 - C_{i(水)})/100]$$

式中,$Q_{i(高)}$ 为垃圾中某成分的干基高位发热量,查表 5-6,kJ/kg。

表 5-6   城市垃圾各成分干基高位发热量及氢含量参考表

城市垃圾成分	干基高位发热量/(kJ/kg)	干基氢含量/%
塑料	32570	7.2
橡胶	23260	10.0
木,竹	18610	6.0
纺织物	17450	6.6
纸类	16600	6.0
灰土,砖陶	6980	3.0
厨房有机物	1650	6.4
铁金属	700	
玻璃	140	

2. 渗沥水分析

渗沥水是指生活垃圾在堆放、贮存和处置中产生的水溶液,它提取或溶出了垃圾组分中的物质。渗沥水的产生量与生活垃圾的堆放方式、堆放时间以及处理处置方法直接相关。在生活垃圾的三大处置方法中,渗沥水是填埋处理中最主要的污染源。合理的堆肥一般不会产生渗沥水,燃烧和气化处理也不会产生渗沥水,露天堆肥、裸露堆物以及垃圾中转站有可能产生渗沥水。

(1)渗沥水特性

渗沥水的水质决定于它的组成和浓度,通常情况下,渗沥水的成分不稳定,浓度主要取决于填埋与堆放、贮存的时间。渗沥水也不同于生活污水,渗沥水中几乎不含生活污水中的油类,也不含铬、汞等金属物。

(2)渗沥水的检测项目

渗沥水的性质虽然与生活垃圾的种类有关,但其分析项目在各种资料上大体相近,我国根据实际情况,提出了渗沥水理化分析和细菌学检验方法,内容包括色度、悬浮物、BOD_5、COD_{cr}、总氮、总磷、氨氮、大肠杆菌等。具体检测项目及方法见表 5-7。

表 5-7　生活垃圾渗滤液污染物浓度测定方法

序号	污染物项目	方法标准名称	方法标准编号
1	色度	水质,色度的测定	GB 11903—1989
2	COD_{cr}	水质,化学需氧量的测定,重铬酸钾法	GB 11914—1989
3	BOD_5	水质,五日生化需氧量的测定,稀释与接种法	GB 7488—1987
4	总氮	水质,总氮的测定,气相分子吸收光谱法	HJ/T 199—2005
5	总磷	水质,总磷的测定,钼酸铵分光光度法	GB 11893—1989
6	悬浮物	水质,悬浮物的测定,重量法	GB 11901—1989
7	氨氮	水质,总氮的测定,气相分子吸收光谱法	HJ/T 195—2005
8	粪大肠菌群数	水质,粪大肠菌群数的测定,多管发酵法和滤膜法	HJ/T 347—2007
9	总汞	水质,汞的测定,冷原子荧光法	HJ/T 341—2007
		水质,总汞的测定,冷原子吸收分光光度法	GB 7468—1987
		水质,总汞的测定,高锰酸钾-过硫酸钾消解法,双硫腙分光光度法	GB 7469—1987
10	总铬	水质,总铬的测定	GB 7466—1987
11	总镉	水质,镉的测定,双硫腙分光光度法	GB 7471—1987
12	总铅	水质,铅的测定,双硫腙分光光度法	GB 7470—1987
13	总砷	水质,总砷的测定,二乙基二硫代氨基酸银分光光度法	GB 7485—1987
14	六价铬	水质,六价铬的测定,二苯碳酰二肼分光光度法	GB 7467—1987
15	恶臭	空气质量,恶臭的测定,三点式比较臭袋法	GB/T 14678
16	甲烷	固定污染源排气中非甲烷总烃的测定,气相色谱法	HJ/T 38—1999
17	硫化氢、甲硫醇、甲硫醚和二甲二硫	空气质量,硫化氢、甲硫醇、甲硫醚和二甲二硫的测定,气相色谱法	GB/T 14678

除表 5-7 中所列的监测项目外,渗沥水中的钾、钠等作为污水常规的监测指标也需要进行监测,其方法参考水质监测的对应项目。

5.3.2　危险废物鉴别

1. 危险废物样品采集

(1)份样数的确定

按表 5-8 确定危险废物采集最小份样数。

表 5-8　危险废物采集最小份样数

固体废物量/t	最小份样数/个
≤5	5
5～25	8
25～50	13
50～90	20
90～150	32
150～500	50
500～1000	80
>1000	100

每次采集的份样数应满足下列要求:

$$n = \frac{N}{P}$$

式中,n 为每次采集的份样数;N 为需要采集的总份样数;P 为一个月内固体废物的产生次数。

(2)份样量的确定

固态废物样品采集时既要满足分析操作的要求,也应依据固态废物的原始颗粒的最大粒径,不小于表 5-9 中规定的质量。液态和半液态废物样品采集的份样量应满足分析操作的需要。

表 5-9　不同颗粒粒径的固态废物的一个份样所需采集的最小份样量

原始颗粒最大粒径/mm	最小份样量/kg
≤5	0.5
5～10	1
>10	2

(3)采样方法

首先准备好气动和真空探针、采样钻、取样铲、钢锤以及内衬塑料薄膜的盛样袋等,在设备稳定运行时 8h 内等时间间隔用勺式采样器采取样品,每采样一次为一个份样。尽可能在卸除废物过程中采样,根据固体废物形状分别使用长铲式采样器、套筒式采样器或探针进行采样。对于堆积高度小于或等于 0.5m 的散状堆积固态废物,将废物推平为 10~15cm 厚度的矩形,划分 5N 个面积相等的网格,顺序编号,随机抽取 N 个网格作为采样单元,在网格中心位置处用采样铲或锹垂直采取全层厚度的废物。对于堆积高度大于 0.5m 的散状堆积固态、半固态废物,应分层采取样品。对于高度小于 0.5m 的数个散状堆积的固体废物,按照散状堆积固体废物的采样方法进行采样。将贮存池划分为 5N 个面积相等的网格,顺序编号,随机抽取 N 个网格作为采样单元采样。只有一个容器时,将容器分为三层,每层取两个样品。N 个容器时,将个容器顺序编号,随机抽取 $\frac{N+1}{3}$(取整)个容器作为采样单元,分别在 1/6、1/2、5/6 处三层采样,每层等份样数采取。根据容器的大小选用玻璃采样管或重瓶采集液态废物。

2. 危险废物鉴别方法

(1)腐蚀性鉴别

固体废物的腐蚀性是指单位或个人在生产、经营、生活和其他活动中所产生的固体、半固体废物和浓度溶液,其溶液或固体、半固体浸出液的 pH 小于等于 2 或大于等于 12.5。直接用 pH 计测定溶液或固体、半固体浸出液的 pH,根据其 pH 判断。

(2)急性毒性初筛

口服毒性半数致死量 LD_{50} 是经过统计学方法得出的一种物质的单一含量,是可以使青年白鼠口服后,在 14d 内死亡一半的物质剂量。固体 $LD_{50} \leqslant 200mg/kg$,液体 $LD_{50} \leqslant 500mg/kg$ 时属于危险废物。

灌胃法是危险废物急性毒性初筛的一种实验方法,用小白鼠做实验,在灌胃时左手提住小白鼠,使之尽量成垂直体位,右手持已吸取浸出液的注射器,将注射器缓慢插入小白鼠口内,推动注射器使浸出液徐徐进入小白鼠胃内,如图 5-6 所示。

需要注意的是,在将针头插入白鼠胃部后用注射器向外抽气,如无气体抽出说明到达胃部,即可进行灌胃。如注射器抽出大量气体,说明已进入肺部或器官,应拔出重插。如果注入后迅速死亡,则可能是传入胸腔或肺内。动物染毒后要观察并记录下染毒过程和观察期内动物中毒和死亡情况,观

图 5-6　灌胃操作示意图

察期一般为 14d,对死亡的动物还要进行尸检。观察期结束后,处死存活动物并进行大体解剖,如有必要,进行病理组织学检查。

3. 浸出毒性鉴别

危险废物用硫酸-硝酸浸取法进行预处理,按表 5-10 判断是否为危险废物。表中所列出的任何一种物质超标均表示该废物为危险废物。

表 5-10　浸出毒性鉴别标准值

序号	监测项目	浸出液中危害成分浓度限值/(mg/L)
无机元素及化合物		
1	铜	100
2	锌	100
3	镉	1
4	铅	5
5	总铬	15
6	六价铬	5
7	烷基汞	甲基汞<10ng/L,乙基汞<20ng/L
8	汞	0.1
9	铍	0.02
10	钡	100
11	镍	5
12	总银	5

续表

序号	监测项目	浸出液中危害成分浓度限值/(mg/L)
无机元素及化合物		
13	砷	5
14	硒	1
15	无机氟化物(不包括CaF_2)	100
16	氰化物	5
有机农药类		
17	滴滴涕	0.1
18	六六六	0.5
19	乐果	8
20	对硫磷	0.3
21	甲基对硫磷	0.2
22	马拉硫磷	5
23	氯丹	2
24	六氯苯	5
25	毒杀芬	3
26	灭蚁灵	0.05
非挥发性有机化合物		
27	硝基苯	20
28	二硝基苯	20
29	对硝基氯苯	5
30	2,4-二硝基氯苯	5
31	五氯酚及五氯酚钠	50
32	苯酚	3
33	2,4-二氯苯酚	6
34	2,4,6-三氯苯酚	6
35	苯并芘	0.0003
36	邻苯二甲酸二丁酯	2
37	邻苯二甲酸二辛酯	3
38	多氯联苯	0.002

续表

序号	监测项目	浸出液中危害成分浓度限值/(mg/L)
挥发性有机化合物		
39	苯	1
40	甲苯	1
41	乙苯	4
42	二甲苯	4
43	氯苯	2
44	1,2-二氯苯	4

续表

序号	监测项目	浸出液中危害成分浓度限值/(mg/L)
挥发性有机化合物		
45	1,4-二氯苯	4
46	丙烯腈	20
47	三氯甲烷	3
48	四氯化碳	0.3
49	三氯乙烯	3
50	四氯乙烯	1

注:本表来源于 GB 5085.3—2007《危险废物鉴别标准—浸出毒性鉴别》

固体废物物的浸出毒性经 TCLP 固体废弃物浸出程序浸出后,浸出液再利用原子吸收光谱仪(AA),气相色谱仪(GC),高效液相色谱仪(HPLC)或离子色谱仪(IC)等分析仪器进行分析,分析浸出液中的无机物或有机污染物的浓度,以此判断所分析的固体废物为一般废物或是毒性废弃物。

第6章 生物污染监测技术

生物是环境的要素之一。由于生物的生存与大气、水体、土壤等环境要素息息相关,生物在从这些环境要素中摄取营养物质和水分的同时,也摄入了环境污染物质并在体内蓄积,因此,生物体监测的结果可在一定程度上反映生物体对环境污染物的吸收、排泄和积累情况,也从一个侧面反映与生物生存相关的大气污染、水体污染以及土壤污染的程度。

6.1 概 述

6.1.1 生物污染途径

生物体受污染的途径主要有如下三种形式。

1. 表面附着

表面附着是指污染物附着在生物体表面的现象。例如大气中的各种有害气体、粉尘、降尘随着飘逸和尘降而散落在农作物的表面并被叶片吸附,最终造成农作物的污染和危害。水体中的污染物附着在鱼、虾等水生生物体表、口腔黏膜,使水生生物受到毒害。

2. 生物吸收

大气、水体和土壤中的污染物,可经生物体各器官的主动吸收和被动吸收进入生物体。

植物由气孔吸收气态污染物,例如植物叶面的气孔能不断地吸收空气中极微量的氟等,吸收的氟随蒸腾流转移到叶尖和叶缘,并在那里积累至一定浓度后造成植物组织的坏死。植物也可由根吸收土壤、水体中的污染物,其吸收量的大小与污染物的性质及含量、土壤性质和植物品种等因素有关。例如,用含镉污水灌溉水稻,水稻将从根部吸收镉,并在水稻的各个部位积累,造成水稻的镉污染。

动物吸收污染物主要指由呼吸道吸收气态污染物、小颗粒物,由消化道吸收食物和饮水中污染物,由皮肤吸收一些脂溶性有毒物。呼吸道吸收的污染物,通过肺泡直接进入动物体内大循环;消化道吸收的污染物通过小肠吸收(吸收的程度与污染物的性质有关),经肝脏再进入大循环;经皮肤吸收的污染物可直接进入血液循环。

3. 生物积累

生物积累作用亦称生物浓缩作用,它是指生物体从生活环境中不断吸收低剂量的有害物质,并逐渐在体内浓缩或积累的能力。大气、土壤、水体及其他环境中都存在着微生物,环境中的污染物可以通过生物代谢进入微生物体内,使其体内污染物的含量比环境高很多,这就是微生物浓缩。另外环境中的污染物还可以通过生物的食物链进行传递和富集。

污染物在食物链的每次传递中都可能得到一次浓缩,甚至可以达到产生中毒作用的程度。人处于食物链的末端,若长期食用污染环境中的生物体,则可能由于污染物在体内长期富集浓缩而引起慢性中毒。震惊世界的环境公害事件之一——日本熊本县"水俣病",就是因为水俣湾当地的居民较长时间内食用了被周围石油化工厂排放的含汞污染废水污染了的鱼、虾、贝类等水生生物,造成大量居民中枢神经中毒,甚至死亡,这是由含汞废水进入食物链而造成的对人体的严重毒害事件。

6.1.2　污染物在生物体内的分布

污染物通过各种途径进入生物体后,在体内各部位的分布和蓄积是不均匀的,为了能够正确地采集样品,选择适宜的监测方法,使生物污染监测结果具有代表性和可比性,首先应充分了解污染物在生物体内的分布情况。

1. 污染物在动物体内的分布

人和其他动物通过多种途径将环境中的污染物吸收,吸收后的污染物大部分与血浆蛋白结合,随血液循环到各组织器官,这个过程称为分布。污染物的分布有明显的规律:一是先向血流量相对多的组织器官分布,然后向血流量相对少的组织器官转移,如肝脏、肺、肾这些血流丰富的器官,污染物分布就较多;二是污染物在体内的分布有明显的选择性,多数呈不均匀分布,如动物铅中毒后 2h,肝脏内约含 50% 的铅,一个月后,体内剩余铅的90% 分布在与它亲和力强的骨骼中。

形成污染物在体内分布不均匀的另一原因是机体的特定部位对污染物

具有明显的屏障作用。例如血-脑屏障可有效阻止有毒物质进入神经中枢系统;血-胎盘屏障可防止母体血液中一些有害物质通过胎盘从而保护胎儿。污染物在动物体内的分布规律见表 6-1。

表 6-1 污染物在动物体内的分布规律

污染物的性质	主要分布部位	污染物
能溶于体液	均匀分布于体内各组织	钾、钠、锂、氟、氯、溴等
水解后形成胶体	肝或其他网状内皮系统	镧、锑、钍等二价或四价阳离子
与骨骼亲和性较强	骨骼	铅、钙、钡、镭等二价阳离子
脂溶性物质	脂肪	六六六、滴滴涕、甲苯等
对某种器官有特殊亲和性	甲状腺 脑	碘、甲基汞、铀等

由于动物体内的代谢,污染物在动物体内的分布情况也会有所变化。初期在血液充足及易透过细胞膜的组织或器官中,然后逐渐重新分布到血液循环较差的部位;有的污染物经过体内的代谢能够解除其毒性,而有的却会增强其毒性。例如,1605(一种农药)在体内被氧化成 1600 后,毒性会增强。

2. 污染物在植物体内的分布

植物吸收污染物后,污染物在植物体内的分布与污染的途径、污染物的性质、植物的种类等因素有关。

当植物通过叶片从大气中吸收污染物后,由于这些污染物直接与叶片接触,并通过叶面气孔吸收,因此这些污染物在叶中分布最多。如在二氧化硫污染的环境中生长的植物,它的叶中硫含量高于本底值数倍至数十倍。

当植物从土壤和水中吸收污染物后,污染物在体内各部位分布的一般规律是:根>茎>叶>穗>壳>种子。表 6-2 是某科研单位利用放射性同位素对水稻进行试验的结果。由表 6-2 可知,水稻根系部分的含镉量占整个植株含镉量的 84.8%。

植物在不同的生长发育期与同一污染物接触,残留量也会有差别。如某农业大学根据对比试验,发现在水稻抽穗后喷洒农药,稻壳中的农药残留量会有明显的增加。

但是,也有不符合上述规律的特殊情况。①不同种类的植物对同一污染物的吸收分布是不相同的,例如,在被镉污染的土壤中种植萝卜或胡萝卜,根部的含镉量就低于叶部。②不同性质的污染物在同种植物中的残留分布也有不相同的,如接触了西维因(一种有机农药)的苹果,果肉中的残留就多于果皮。

表 6-2　成熟期水稻各部位中的含镉量

植株部位		放射性计数/[脉冲/(min·1g 干样)]	含镉量		
			μg/g 干样	%	∑ %
地上部分	叶、叶鞘	148	0.67	3.5	15.2
	茎秆	375	1.70	9.0	
	穗轴	44	0.20	1.1	
	穗壳	37	0.16	0.8	
	糙米	35	0.15	0.8	
根系部分		3540	16.12	84.8	84.8

残留分布情况也与污染物的性质有关。表 6-3 列举水果中残留农药的分布。

表 6-3　水果中残留农药的分布

农药	果实	残留量/%	
		果皮	果肉
p,p'-DDT	苹果	97	3
西维因	苹果	22	78
敌菌丹	苹果	97	3
倍硫磷	桃子	70	30
异狄氏剂	柿子	96	4
杀螟松	葡萄	98	2
乐果	橘子	85	15

植物从大气中吸收污染物后,在植物体内的残留量常以叶部分布最多。表 6-4 列出使用放射性对蔬菜进行试验的结果。

表 6-4　氟污染区蔬菜不同部位的含氟量

单位:ppm($\times 10^{-6}$)

品种	叶片	根	茎	果实
番茄	149	32.0	19.5	2.5
茄子	107	31.0	9.0	3.8
黄瓜	110	50.0	—	3.6
菜豆	164	—	33.0	17.0
菠菜	57.0	18.7	7.3	—
青萝卜	34.0	3.8	—	—
胡萝卜	63.0	2.4	—	—

6.1.3　污染物在生物体内的迁移

1. 污染物在动、植物体内的转移

(1)污染物在动物体内的转移

污染物在动物体内的转移过程是一个极其复杂的过程,但是污染物无论通过哪种途径进入生物机体,都必须通过各种类型的细胞膜才能进入到细胞,并选择性地对某些器官产生毒性作用。因此,首先应了解生物膜的基本构成和污染物通过细胞膜的方式。

污染物通过生物膜的生物转运方式有多种,最主要的是被动转运,其次是主动转运、胞饮和吞噬作用。被动转运指污染物由高浓度一侧向低浓度一侧进行的跨膜转运,包括简单扩散和过滤;主动转运又称为逆浓度转运。其特点为:需要蛋白质的载体作用,载体对污染物有特异选择性;需消耗能量;受载体转运能力限制,当载体转运能力达到最大时有饱和现象;有竞争性;当膜一侧的污染物转运完毕后转运即停止。某些金属污染物,如铅、镉、砷和锰的化合物,可通过肝细胞的主动转运,将其送入胆汁内,使胆汁内的浓度高于血浆中的浓度,有利于污染物随胆汁排出。

(2)污染物在植物体内的转移

大气、土壤、水中的污染物只有进入植物体内才能对植物造成损害,植物一般是通过根系和叶片将污染物吸入体内的。土壤、灌溉水中的污染物主要是通过植物根系吸收进入植物体内的,再经过细胞传递到达导管,随蒸腾流在植物体内转移、分布,最终使植物受到污染和危害。植物生长所需的物质元素也是通过这种方式转运的。

2. 污染物在动植物体内的积累

任何机体在任何时刻内部某种污染物的浓度水平取决于摄取和消除两个相反过程的速率,当摄取量大于消除量时,就会发生生物积累。

当生物积累达到一定程度时,就会引起生物浓缩。生物浓缩使污染物在生物体的浓度超过在环境中的浓度,如水生生态系统中的藻类和凤眼莲等对污染物的积累、浓缩,使污水得到净化,同时也使藻类和凤眼莲体内的污染物高于水体。由于生物具有积累、浓缩污染物的能力,因此进入环境中的毒物,即使是微量,也会使生物尤其使处于高营养级的生物受到危害,直接威胁人类的健康。例如1956年4月发生在日本熊本县的"水俣病"就是由于生物的积累、浓缩作用,最终使人受到毒害。

3. 污染物的排泄

排泄是污染物及其代谢产物向机体外的转运过程,是一种解毒方式。排泄器官有肾、肝胆、肠、肺、外分泌腺等。

肾脏排泄:肾脏是污染物及其代谢产物排泄的主要器官。汞、铅、铬、镉、砷以及苯的代谢产物等大多数随尿排出。

肝胆排泄:肝胆系统也是污染物自体内排出的重要途径之一。通常小分子物质经肾脏排泄,而大分子化合物经胆道排泄。因此,肝胆系统可视作肾脏的补偿性排泄途径,例如甲基汞主要通过胆汁从肠道排出。

呼吸道排泄:许多经呼吸道进入机体的气态物质以及具有挥发性的污染物,如一氧化碳、乙醇、汽油等,以原形从呼吸道排出。

其他排泄:有些污染物能通过简单扩散的方式经乳腺由乳汁排出,如铅、镉、亲脂性农药和多氯联苯就是由乳汁排出的。还有的能够经唾液腺和汗腺排出。

6.2　生物样品的采集、制备和预处理

生物污染监测同其他环境样品的监测大同小异,一般都要经过样品的采集、制备、预处理和测定等环节。由于生物污染的含量一般较低,要使分析结果正确地反映被测对象中污染物的实际情况,除了选择灵敏度和准确度高的方法外,正确地采集和处理样品也是非常关键的环节。

6.2.1　微生物样品

微生物样品的采集,必须按一般无菌操作的基本要求进行水样采样,严格保证运输、保存过程中不受污染。

一般江、河、湖泊、水塘、水库、浅层地下水可取水样 500~1000mL。医院废水、高浓度有机废水可取 100~500mL。

取样一般用无色硬质具磨塞玻璃瓶,经高压灭菌器灭菌后备用。

1. 自来水采样

须先用清洁棉花将自来水龙头拭干,然后用酒精灯或酒精棉花球灼烧灭菌,再将龙头完全打开放水 5min 左右,以排除管道内积存的死水,而后将龙头关小,打开采样瓶瓶塞,以无菌操作进行。如水样中含有余氯,则采样瓶在

未灭菌前,按每采 500mL 水样加 3% 硫代硫酸钠溶液 1mL 的量预先加入采样瓶内,用以消除采样后水样内的余氯,以防止继续存在杀菌作用。

2. 江、河、湖泊、池塘、水库等的采样

可利用采样器,器内的采样瓶应预先灭菌。用采样器采样的方法与水质化学检验方法相同。如没有采样器时,可直接将采样瓶放在上述水域中 30～50cm 深处,再打开瓶塞采样。采样后,注意采样瓶内的水面与瓶塞底部应留有一些空隙,以便在检验时可充分摇动混匀水样。用同样的方法可采取高浓度有机废水以及医院废水样。

水样在采集后应立即送检,一般从取样到分析不得超过 2h,条件不允许时,也应冷藏保存,但最长不得超过 6h。

水样的采集情况、采样时间、保存条件等应详细记录,一并送检验单位,供水质评价时参考。

6.2.2　植物样品的采集和制备

1. 植物样品的采集

进行植物样品的采集,首先要明确监测的目的和要求,对监测对象的有关情况,如污染物及其性质、环境因素(包括污染源的地理位置、气象要素、水文资料、土壤性质及植物本身特性等)进行必要的调查与分析,然后根据需要选择采样区,并划分和确定有代表性的小区作采样点。

(1)样品的采集原则

植物样品的采集应遵循以下几条原则。

①目的性。明确采样的具体目的和要求,对污染物性质及各种环境因素(如地质、气象、水文、土壤、植物等)进行调研,收集资料,以确定采样区、采样点等。

②代表性。选择能符合大多数情况和能反映研究目的的植物种类和数量。

③典型性。将植物采集部位进行严格分类,以便反映所需了解的情况。

④适时性。依据植物的生长习性确定采样时间,以便能够反映研究需要了解的污染情况。

(2)采样点的布设

根据现场调查与收集的资料,先选择好采样区,然后进行采样点位的布设。常用梅花形布点法或平行交叉布点法确定有代表性的植株,如图 6-1 和图 6-2 所示。

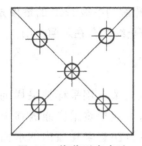

图 6-1　梅花形布点法

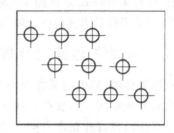

图 6-2　平行交叉布点法

当农作物监测与土壤监测同时进行时,农作物样品应与土壤样品同步采集,农作物采样点就是农田土壤采样点。

(3)样品采集方法

针对不同的植物样品,可选择的采样方法为:①在选定的小区中以对角线五点采样或平行交叉间隔采样,采取 5～10 个样品混合组成;②采样时间应选择在无风晴天时,雨后不宜采样。采样应避开病虫害和其他特殊的植株。如采集根部样品,在清除根上的泥土时,不要损伤根毛;③用清水洗去附着的泥土,根部要反复洗净,但不准浸泡;④同时采集植株根、茎、叶和果实时,应现场分类包装,避免混乱;⑤蔬菜样品,若要进行鲜样分析,尤其在夏天时,水分蒸发量大,植株最好连根带泥一同挖起,或用清洁的湿布包住,以免萎蔫。⑥采集好的样品应贴好标签,注明编号、采样地点、植物种类、分析项目,并填写采样登记表(见表 6-5)。

表 6-5　植物样品采样登记表

采样日期	采样地点	样品名称	编号	采样部位	物候期	土壤类别	灌溉情况			分析部位	分析项目	采样人
							成分	浓度	次数			

(4)采样量

根据污染物特点及各分析项目的要求,确定采样量,即保证在样品预处理后有足够数量用于分析测试等,一般需要 1kg 左右的干物重样品。对于含水量为 80%～95% 的水生植物、水果、蔬菜等新鲜样品,则取样应比干样品多 5～10 倍。

2. 植物样品的制备

从现场带回的样品称为原始样品,应根据分析项目的要求对样品进行选取。例如,对于粮食类,充分混匀后平铺于玻璃板或木板上,用四分法取样,瓜果、块根类可切成 4～8 块,再各取 1/8～1/4 混合,所选取的平均样品经加工处理,制备成分析用的试样,称为分析样品。

测定植物体中容易转化或降解的物质,如酚、氰、有机农药等项目时,应采用新鲜样品进行分析。

制备干样品时,要将经洗净、风干的样品放在 60～70℃ 的鼓风干燥箱或低温真空干燥箱中烘干,以免发霉腐烂。样品干燥后,去掉灰尘杂物,再将其剪碎,用电动磨碎机粉碎和过筛(通过 1mm 或 0.25mm 的筛孔)。各类作物的种子样品如稻谷等,要先脱壳再粉碎,然后根据分析方法的要求分别通过 40 目至 100 目的金属筛或尼龙筛,粉碎后的样品储存于磨口的广口瓶中备用。

用于测定金属元素的样品,在整个制备过程中要防止金属的污染,最好不用钢制的粉碎机,而用玻璃研钵碾碎,尼龙筛过筛,聚乙烯瓶保存。

分析结果常以干质量为基础,比较各试样中待测成分的含量(如 mg/kg,干质量),因此在制备样品的同时,须测定试样的含水量,计算干样品的含量。测定含水量的常用方法是烘干法,即称取一定量的分析样品,在 100～105℃ 下烘至恒重,以湿重计算含水量。在 100～125℃ 条件下含有能热分解物质的样品,可在真空干燥箱中低温烘至恒重。含水量很高的浆果和幼嫩蔬菜等,则以鲜重计算为好。

3. 植物样品的保存

采集好的样品装入布袋或塑料袋,带回实验室后,再用清洁水洗净,然后立即放在干燥通风处晾干或鼓风干燥箱烘干,用于鲜样分析的样品,应立即进行处理和分析,当天不能处理、分析完的样品,应暂时冷藏在冰箱内。

6.2.3　动物样品的采集和制备

1. 尿液

尿检在医学临床中应用较为广泛,因为绝大多数毒物及其代谢物主要由肾脏经膀胱、尿道与尿液一起排出,同时尿液收集也较为方便,因此尿检在动物污染监测和临床应用上都比较广泛。采集尿液的采样器一般由玻璃、聚乙烯、陶瓷等材料制成。采样器使用前应用稀硝酸浸泡,再用自来水、蒸馏水洗净、烘干。由于尿液中的排泄物早晨浓度较高,因此定性检测尿液成分时,应采集晨尿,如测定尿中的铅、镉、氟、锰等应收集 8h 或 24h 尿样。

一般一次收集早晨的尿液,也可分别收集 8h 或 24h 的尿样。

2. 血液

血液主要用来检验铅和汞等重金属、氟化物、酚等。采样器一般为硬质玻璃试管,先用普通水洗净,再用 3％～5％ 的稀硝酸或稀醋酸浸泡洗净,最后用蒸馏水洗净,烘干备用。采集血液样品时,除急性中毒外,一般应禁食 6h 以上或在早餐前空腹采血。通常是采集静脉血或末梢血。若用微量法,可取指血或耳血。可用不锈钢针头的玻璃注射器,使用铂金和钌合金制成的针筒更便于防止样品的污染。采样时,不可将皮肤上的污染物带到针头上。收集血样的容器应用 10％ 硝酸洗净,然后加入适量的抗凝剂、防腐剂。采集的血样可在 4℃ 下保存。

实验室常将血液分为全血、血清及血浆三部分。当血液从身体抽出后,静置于管内让血液凝固,此时上清液部分称为血清;若在血液收集瓶中加入适当的抗凝剂以防止血液凝集,称为全血;全血经离心沉淀血细胞后,上清液部分称为血浆。

3. 毛发和指甲

蓄积在动物毛、爪和人的头发及指甲中的污染物保留时间较长,特别是毛发,即使是已经脱离接触污染物或停止摄取污染物,血液、尿中污染物含量已下降,而毛发和指甲中仍可检出。另外,毛发、指甲样品易于采集和保存,有些污染物(如汞、砷等)含量在人的头发中积累要比尿液中高得多。因此,头发是污染物检测最为广泛采用的样品。采集头发最好在后颈部,从头皮上 25mm 处取样 1～3g。毛发样品采集后必须去污,一般先切成 2～3mm 依次在乙醚、丙酮中浸泡 10min,沥尽后干燥,再用 5％ 十二烷基磺酸钠洗涤。指甲样品先用不锈钢刀刮净,再用巴比妥酸-铵缓冲液(pH ＝ 7.35)-吐温-80 溶液或特立顿 X-100(1％溶液)洗净,也可用中性洗衣粉(10％溶液)在室温下浸泡 4h,以洗去油污,用水洗净后再用丙酮浸泡,干燥后备用。

4. 器官及组织

污染物在动物的器官和组织中蓄积和毒理的研究均很成熟,用器官和组织样品可以灵敏准确地衡量环境污染状况,但是有些器官质软而易裂,取样时应小心操作,采样工具应以样品的欲测成分不增加为原则。可用不锈钢手术刀,世界卫生组织推荐采用硅制刀及塑料镊子。采集样品一般在 10g 以上。肝、肾、心、肺等组织本身均匀性不佳,最好能取整个组织,否则应确定统一的采样部位。

制备组织样品时,取 3～5g 新鲜组织,用冰冷的蒸馏水洗涤后,再用冰冷的磷酸盐缓冲溶液(0.1mol/L,pH＝7.4)洗涤,弃去洗涤液后,置于捣碎机中,加入少许冰冷的蒸馏水,即成组织糜或组织匀浆。若以 1：2 的比例,在组织糜或组织匀浆中加入上述冰冷的磷酸盐缓冲液并混匀,经离心沉淀后的上层清液即为组织提取液。制备好的组织糜、组织匀浆及组织提取液,均应置冰浴中冷藏备用。

6.2.4　生物样品的预处理及污染物分析方法

进行生物样品测定前,必须对样品进行分解,对待测组分进行富集和分离,或对干扰组分进行掩蔽等,目的是消除生物样品中含有的大量有机物(母质),使污染物的检测达到监测方法的检测灵敏度或检测范围。生物样品的预处理有消解与灰化、提取和分离、浓缩等。测定方法种类很多,需根据待测物的性质和实验室的条件进行选择。通常情况下,生物体中的污染物质与水质分析方法相同,通常选用高灵敏度的分析仪器和分析方法进行分析测定。

1. 消解

消解法又称湿法氧化或消化法,它是利用硫酸、硝酸或高氯酸等一种或两种及其以上的混酸与生物样品共煮,将有机物分解成二氧化碳和水,待测组分转为无机盐存留于消化液中,可供测定。为加快消化速度,常加入某种氧化剂或催化剂,如过氧化氢、高锰酸钾、五氧化二钒、过硫酸盐、硫酸铜、银盐等。

表 6-6 列出了常用的消解试剂及应用范围供操作时参考。

表 6-6　常用的消解试剂及应用范围

试剂	应用	备注
$HNO_3 + H_2SO_4$ (2：5)	分解含铅、砷、锌等元素的有机物	①会使卤素完全损失②汞、砷、硒等有一定程度损失
$HNO_3 + HClO_4$	分解含铁、锡等元素的有机物	易发生爆炸,必须严格遵守操作规定
$H_2O_2 + HNO_3$ (H_2SO_4)	分解含氮、磷、钾、硼、砷、氟等元素或脂肪较高的食品	先加入 H_2O_2 浸没试样,再加入 HNO_3 (H_2SO_4)

试剂	应用	备注
$KMnO_4 + H_2SO_4$	分解尿样	
$KMnO_4 + H_2SO_4 + HNO_3$	分解鱼、肉样品	
$KMnO_4 + HNO_3$	消解食品	
$V_2O_5 + HNO_3 + H_2SO_4$	消解含甲基汞类化合物样品	对杂环,N—N链化合物等可加入适当的还原剂等
$H_2SO_4 + K_2SO_4 + CuSO_4$	消解有机氮化合物	
过硫酸盐+银盐	消解尿液	

湿法消化的特点是有机物分解速度快,操作时间短,加热温度较干法低。但是,消化过程中常产生大量有害气体,必须在通风橱内进行。同时,由于生物样品有机物含量高,特别是脂肪、纤维素含量高的样品,消化初期会产生大量泡沫,操作管理频繁,且试剂消耗量大,空白值偏高。因此,尽可能避免强热消化。

2. 灰化

灰化法又称燃烧法或高温分解法,是根据待测组分的要求,选用铂、石英、银、镍、铁或瓷坩埚,放置一定量的生物样品,加热使其中有机物先后脱水、分解、灰化、氧化,再置于高温炉中(一般为 $450 \sim 550℃$)灼烧至灰化完全,形成白色或浅灰色残渣。

灰化法的特点是有机物分解彻底,操作方便,不加或少加试剂,空白值低。而且多数生物样品经灼烧后灰分体积小,可处理较多量样品,起到富集待测物的作用。缺点是灰化分解时间较长,且高温灰化时会造成某些易挥发元素的损失,坩埚对某些待测物组分也可能会产生吸留作用。因此当待测组分产生易挥发物时应采用低温灰化;当坩埚产生吸留时,应加入辅助灰化剂。例如,加入氧化镁或硝酸镁可使硫、磷转化为镁盐,减少与坩埚的作用,可使砷转化为不挥发的焦砷酸镁;加入硫酸或硫酸盐可使某些易挥发的氯化物(如氯化铅、氯化镉)变为硫酸盐。

3. 提取

利用样品中各组分在某溶剂中溶解度的不同,将某一或某些组分提取到溶剂中称为溶剂提取,包括浸提和萃取。其中,用适当溶剂从固体样品中将待测组分提取出来,称为浸提(又称液-固萃取);用适当溶剂从液体样品中将待测组分提取出来，或使某种待测组分从一种溶剂转移到另一种溶剂中称为萃取（又称液-液萃取），前者达到提取的目的，后者达到分离、富集的目的。

（1）浸提法

应根据样品的种类、待测组分存在状态和特性以及后续测定手段选择提取剂和提取方法。一般按"相似相溶"原则选择提取剂。提取剂毒性要小，纯度要高，价格低廉而易得。提取剂的沸点在 45～80℃，沸点太低容易挥发，沸点太高不易浓缩。常用的提取剂有正己烷、石油醚、乙腈、丙酮、苯、二氯甲烷、三氯甲烷、二甲基甲酰胺等，必要时可采用混合溶剂提取。常用的提取方法有振荡浸取、捣碎提取、索氏提取和球磨提取法等。

（2）萃取提取法

萃取提取主要用于从液体生物样品（如体液、尿液、乳液等）中提取待测物。萃取常在分液漏斗中进行，例如从乳液中提取有机氯农药，乳液于分液漏斗中先加乙醇与草酸盐振摇破坏脂肪球膜，再用乙醚-石油醚振摇提取。

4. 分离

不论是分解生物样品的有机物基体，还是从生物样品中提取待测组分，均含有干扰物存在。例如消化液中会有待测物的干扰元素；石油醚萃取生物样品中残留农药常会萃入脂肪、蜡质和色素，干扰农药的测定。因此，在测定之前必须分离除掉杂质。常用的主要分离方法有萃取分离、层析分离、磺化与皂化分离以及沉淀分离等。

（1）萃取分离

液-液萃取已是熟知的分离操作，对待测金属元素的萃取常使待测金属离子形成螯合物，用有机溶剂萃取，如双硫腙-氯仿、二乙基二硫代氨基甲酸钠-四氯化碳、吡咯烷二硫代氨基甲酸铵-甲基异丁基酮等体系。分离有机待测物主要依据极性的大小选择萃取剂。

萃取一般需要多次操作才能达到完全分离的目的。当用较水轻的溶剂，从水溶液中萃取分配系数小，或振荡易发生乳化作用时，可采用连续萃取器。磨口锥形瓶内的有机溶剂加热汽化，经萃取器边管上升至冷凝器冷凝。冷凝的溶剂滴入萃取器中央管进入被萃液层底部，在溶剂上升过程中穿过被萃液层产生萃取作用。萃取液回流至锥形瓶再次汽化。如此反复可将待测组分全部萃入有机溶剂。

（2）层析分离

层析分离是在载体上进行组分分离的总称，按分离载体不同可分为柱层析、薄层层析和纸层析等。当生物样品的待测液通过装有吸附剂的层析柱之后,由于吸附剂对各组分吸附能力的不同,选用适当的溶剂淋洗,各组分即可依次流出而分离。如聚酰胺、纤维素、硅酸镁、氧化镁、活性炭、硅藻土等经活化处理,对某些物质均会产生特定的吸附能力。例如,聚酰胺对色素的吸附能力很强,活化的硅酸镁常用于分离净化农药。

（3）磺化与皂化分离

磺化与皂化分离是待测液去除油脂的一种方法,常用于农药测定液的净化。

磺化法是利用提取液中的脂肪、蜡质等干扰物与浓硫酸发生磺化反应,生成极性很强的磺酸基化合物,不再被弱极性的有机溶剂溶解而分离。此法简便、快速、分离效果好,但仅适用于在强酸介质中稳定的农药与脂肪或蜡质的分离。

皂化法是利用油脂能与强碱发生皂化反应,生成水溶性的脂肪酸盐,以热碱溶液处理生物样品提取液,除去脂肪等干扰物。

（4）沉淀分离

沉淀分离法是借助沉淀作用,经过滤或离心分离使沉淀物与母液分离。可利用加入沉淀剂的方法使待测组分沉淀,或使干扰组分沉淀;也可利用待测组分与干扰物在同一溶剂中溶解度随温度变化不同进行沉淀分离。低温沉淀分离的优点在于有机物不会发生任何变化,且分离效果好。

（5）色谱法

色谱法分为柱色谱法、薄层色谱法、纸色谱法,其中柱色谱法在处理生物样品中应用较多。如在测定粮食中的苯并[a]芘时,先用环己烷提取,然后将提取液倒入氧化铝-硅镁型吸附剂色谱柱中,提取物被吸附剂吸附,再用苯进行洗脱,这样就可将苯并[a]芘从杂质中分离出来。

此外,待测组分分离还可采用汽提法、液上空间法和蒸馏法等。其中汽提分离法是借助向待测液通入净化气体,将易挥发组分分离出来,用于待测液中挥发组分的分离测定。蒸馏法是利用待测液中各组分挥发度不同而进行的分离方法,可用于除去干扰组分或将待测组分蒸馏逸出,收集馏出液进行测定。

5. 浓缩

常用的浓缩方法有蒸发、蒸馏、减压蒸馏、K-D 浓缩器浓缩等。

由于大多数生物样品中的有机污染残留物均有毒、易挥发,并且含量极低,为了防止其分解损失、保护操作人员,多采用高效的 K-D 浓缩器进行浓缩,一般控制水浴温度在 50℃ 以下,最高不可超过 80℃。注意切不可将提取液蒸干,若需进一步浓缩时,则改为微温蒸发。

6.3　生物污染监测方法

环境中的污染物可通过空气、水、食物,经呼吸道、口或表皮,以及植物的根叶进入生物体内,吸收、转化和浓缩积累。测定生物体内污染物含量,既可说明生物体受污染物危害情况,也表明环境污染状况,同时对人类减少食入污染物也是一种预防措施。生物污染监测就是应用各种检测手段测定生物体内的有害物质,及时掌握被污染的程度,以便采取措施,改善生物生存环境,保证生物食品的安全。

经过预处理的生物样品,即可进行污染物的分析测定。由于生物样品中污染物的含量一般很低,因此,需要用现代分析仪器进行痕量或超痕量的高精度分析。

常用的分析方法有光谱分析法、色谱分析法、电化学分析法、放射分析法以及联合检测技术(GC-MS、GC FTIR、LC-MS 等)。本节简单介绍光谱分析及色谱分析在生物污染监测中的应用,并通过一些监测实例介绍有关生物样品中污染物的监测方法。

6.3.1　光谱分析法

光谱分析法包括可见-紫外分光光度法、红外分光光度法、荧光分光光度法、原子吸收分光光度法、发射光谱分析法、X 射线荧光分析法,在此仅简要介绍在生物污染监测中的应用,见表 6-7。

6.3.2　色谱分析法

色谱分析法包括薄层层析法、气相色谱法、高压液相色谱法等,是对有机物进行分离检测的常用方法,见表 6-7。

表 6-7　光谱分析和色谱分析的应用

分类	方法	应用
光谱分析法	可见-紫外分光光度法	测定有机农药、酚类杀虫剂、芳香烃、共轭双键等不饱和烃、氰等有机化合物及汞、砷、铜、铬、镉、铅、氟等元素
	红外分光光度法	鉴别有机污染物的结构并进行定量测定

续表

分类	方法	应用
光谱分析法	荧光分光光度法	测定银、镉等多种金属元素及农药 1605 等多种有机化合物的含量
	原子吸收分光光度法	镉、汞、铅、铜、锌、镍、铬元素的定量分析
	发射光谱	对多种金属元素进行定性、定量分析
	X 射线荧光光谱	多元素分析,特别是硫、磷等
色谱分析法	薄层色谱法(与薄层扫描仪联用后可定量测定)	对多种农药进行定性和半定量分析
	气相色谱(应用最广泛)	食品、蔬菜中多种有机磷农药、烃类、酚类、苯、硝基苯、胺类、多氯联苯、有机氯等的定量分析
	高压液相色谱法	相对分子质量大于 300、热稳定性差、离子型化合物的测定多环芳烃、酚类、酯类、取代酯类、苯氧乙酸类的测定

6.3.3 测定实例

1. 粮食作物中镉的测定

①样品置于瓷坩埚中,于 490℃ 干法灰化,残渣用 HNO_3-$HClO_4$ 处理成为样液。

②由于在强碱性溶液中萃取时,Pb^{2+}、Hg^{2+}、Cu^{2+}、Co^{2+}、Ni^{2+}、Zn^{2+} 等易被同时萃取出来,其中的 Hg^{2+}、Cu^{2+}、Co^{2+}、Ni^{2+} 将干扰 Cd^{2+} 的测定,需进行萃取分离。用弱碱性柠檬酸铵和三乙醇胺及氨水将样液调成 pH = 8~9,用 $CHCl_3$ 和二乙二硫代基甲酸萃取 Pb^{2+}、Hg^{2+}、Cu^{2+}、Co^{2+}、Ni^{2+}、Zn^{2+} 等。

③用 HCl(1mol/L)反萃取,使 Pb^{2+}、Cd^{2+}、Zn^{2+} 定量地转入水中与 Hg^{2+}、Cu^{2+}、Co^{2+}、Ni^{2+} 等分离。

④镉与双硫腙反应生成有色配合物,再用三氯甲烷将双硫腙盐提取出来。用酒石酸钾钠、盐酸羟胺和氢氧化钠溶液将样液调至 pH = 12~13,加入双硫腙氯仿使之与 Cd^{2+} 生成双硫腙配合物并被萃取,将萃取液定容。

⑤用 20mm 比色皿,置于 518nm 处测吸光度,对照标准溶液定量。

2. 植物中氟化物的测定

①用碳酸钠作为氟的固定剂,于 500～600℃进行干法灰化。

②残留物加浓硫酸洗出后,用水蒸气蒸馏法控制温度于 135～140℃蒸馏,收集馏分。

③加入 pH＝4 的醋酸钠缓冲溶液,再加入硝酸镧与氟离子反应生成三元配合物,用 3cm 比色皿在 620nm 处测吸光度,标准曲线法定量。

3. 有机氯农药测定

①将生物样品捣碎,用石油醚萃取。

②加浓硫酸分离去有机相中的脂肪类及不饱和烃等干扰物质,经水洗后,用无水亚硫酸钠脱水干燥。

③进一步蒸发有机溶剂,使样液浓缩。

④用 $(1.8～2)$ mm×$(2～3.5)$ mm 玻璃柱填充 15% OV-17、1.95% QF-1/Chromosorb WAW DMCS$(80～100$ 目)的柱分离,色谱法可测定有机氯的八种异构体(α-六六六、β-六六六、γ-六六六、δ-六六六、p,p'-DDE、o,p'-DDT、p,p'-DDD、p,p'-DDT)的总含量。

6.4　水和大气污染生物监测

6.4.1　水质污染生物监测

早在 20 世纪初,人们就已经开始利用水生生物对水体进行监测和评价。经过几十年的研究,已经证实了许多水生生物的个体、种群或群落的变化,都可以客观地反映出水体质量的变化规律。在总结大量研究成果的基础上,人们提出了许多相应的监测手段和评价方法,主要包括生物群落监测法、生物测试法、生物残毒监测法、细菌学监测法等。

1. 生物群落法

生物群落监测实际上是生态学监测,即通过野外现场调查和室内研究,找出各种环境中指示生物(特有种与敏感种)受污染所造成的群落结构特征的变化。

(1)指示生物

生物群落中生活着各种水生生物,如浮游生物、着生生物、底栖动物、鱼类和细菌等。由于它们的群落结构、种类和数量的变化能反映水质状况,故称之为指示生物。

(2)监测方法

1)污水生物系统法

该方法将受有机物污染的河流按其污染程度和自净过程划分为几个互相连续的污染带,每一带生存着各自独特的生物(指示生物),据此评价水质状况。

如根据河流的污染程度,通常将其分为四个污染带,即多污带、α-中污带、β-中污带和寡污带。各污染带水体内存在着特有的生物种群。

污水生物系统由德国学者科尔克维茨(Kolkwitz)和马松(Marsson)于1909年提出的,用于监测和评价河流受有机污染程度的一种方法。经过许多专家学者的深入研究,特别是20世纪50年代以后,补充了污染带的指示生物种类名录,增加了指示生物的生理学和生态学描述,从而使该系统日趋完善。1951年,李普曼(Liebmann)修正和增补了污染带的指示生物名录,并划分了水质等级。他将水质分为4级(从Ⅰ至Ⅳ级,Ⅰ级为最清,Ⅳ级为最污),并规定各级的代表颜色:Ⅰ级为蓝色,Ⅱ级为绿色,Ⅲ级为黄色,Ⅳ级为红色。同时,他还绘制了各污染带的指示生物图谱。

多污带亦称多污水域,多处在废水排放口,水质浑浊,多呈暗灰色。该带细菌数量大,种类多,每毫升水中细菌数目达百万个以上,甚至达数亿个。多污带的指示生物有浮游球衣细菌、贝氏硫细菌,以及颤蚓、蜂蝇蛆和水蚂蟥等。

中污带是介于多污带与寡污带之间的中等污染水质,由于在中污带的污染程度变化较大,因此又把它分成污染较严重的 α-中污带与污染较轻的 β-中污带。

寡污带是清洁水体,水中溶解氧(DO)含量很高,经常达到饱和状态,水中有机物含量很低,基本上不存在有毒物质,水质清澈,pH 为 6~9,适合于生物的生存。

2)生物指数法

该法是指运用数学公式反映生物种群或群落结构的变化,以评价环境质量的数值。

贝克生物指数(BI)$=2nA+nB$,BI $=0$ 时,属严重污染区域,BI$=1\sim6$时,为中等有机物污染区域,BI$=10\sim40$ 时,为清洁水区。

2. 细菌学检验法

(1)水样的采集

严格按无菌操作要求进行,防止在运输过程中被污染,并应迅速进行检验。

（2）细菌总数的测定

细菌总数是指 1mL 水样在营养琼脂培养基中，于 37℃经 24h 培养后，所生长的细菌菌落的总数。它是判断饮用水、水源水、地表水等污染程度的标志。

其操作过程如下：①灭菌；②制备营养琼脂培养基；③培养（两份平行样，一份空白）；④菌落计数。

（3）总大肠菌群的测定

总大肠菌群是指那些能在 35℃、48h 之内使乳糖发酵产酸、产气、需氧及兼性厌氧的、革兰氏阴性的无芽孢杆菌，以每升水样中所含有的大肠菌群的数目来表示。

总大肠菌群的检验方法有发酵法和滤膜法。发酵法可用于各种水样（包括底泥），但操作烦琐，费时间。滤膜法操作简便、快速，但不适用于浑浊水样。

（4）其他细菌的测定

在水体细菌污染监测中，为了判明污染源，有必要区别存在于自然环境中的大肠菌群细菌和存在于温血动物肠道内的大肠菌群细菌。为此可将培养温度提高到 44.5℃，在此条件下仍能生长并发酵乳糖产酸产气者，称为粪大肠菌群。粪大肠菌群也用多管发酵法或滤膜法测定。

6.4.2　大气污染生物监测

目前大气污染生物监测较广泛地使用植物监测法。

1. 大气污染指示生物及选择

（1）指示生物

其群落结构、种类和数量的变化能反映大气污染状况的生物称为指示生物。

（2）指示生物的选择

选择那些对特定大气污染物很敏感、专一性强、有富集作用、能"早预报"、能确切反映该污染因子对人和生物的危害及环境污染的综合影响的生物作为指示生物。

植物在受到污染物侵袭后，表现出明显的伤害症状，或生长形态发生变化、果实或种子变化，以及生产力或产量变化，这种植物就是指示植物。指示植物可选择一年生草本植物、多年生木本植物及地衣、苔藓等。

①二氧化硫(SO_2)污染指示植物：主要有紫花苜蓿、棉株、元麦、大麦、小麦、大豆、芝麻、荞麦、辣椒、菠菜、胡萝卜、烟草、百日菊、麦秆菊、玫瑰、苹果树、雪松、马尾松、白杨、白桦、杜仲、蜡梅等。

②氟化物污染指示植物：主要有唐菖蒲、金荞麦、葡萄、玉簪、杏梅、榆树叶、郁金香、山桃树、金丝桃树、慈竹等。

③二氧化氮(NO_2)污染指示植物：主要有烟草、西红柿、秋海棠、向日葵、菠菜等。

④O_3的指示植物：烟草、矮牵牛花、马唐、花生、马铃薯、洋葱、萝卜、丁香、牡丹等。

⑤Cl_2的指示植物：白菜、菠菜、韭菜、葱、菜豆、向日葵、木棉、落叶松等。

⑥氨的指示植物：紫藤、小叶女贞、杨树、悬铃木、杜仲、枫树、刺槐、棉株、芥菜等。

⑦PAN的指示植物：繁缕、早熟禾、矮牵牛花等。

2. 植物在污染环境中的受害症状

(1)SO_2污染的危害症状

受害初期表现为失去原来的光泽，出现暗绿色水渍状斑点；受害时间较长时，绿斑点变为灰绿色，逐渐失水而干枯，有明显坏死斑出现。阔叶植物急性中毒症状是叶脉间有不规则的坏死斑，受害严重时出现条块斑。单子叶植物受害时在平行叶脉之间出现斑点状或条块状坏死区。针叶植物受害后，先从针叶尖端开始出现红棕色或褐色，而后慢慢发展。

(2)NO_x污染的危害症状

NO_x对植物构成危害的浓度要大于SO_2等污染物。它往往与O_3或SO_2混合在一起显示危害症状，首先在叶片上出现密集的深绿色水浸蚀斑痕，随后这种斑痕逐渐变成淡黄色或青铜色。损伤部位主要出现在较大的叶脉之间，但也会沿叶缘发展。

(3)氟化物污染的危害症状

先在植物的特定部位呈现伤斑，然后颜色变深形成棕色块斑；随着受害程度的加重，斑块向叶片中部发展，叶片大部分枯黄，只有叶主脉下部及叶柄附近保持绿色。

(4)臭氧污染的危害症状

臭氧对植物的危害主要体现在老龄叶片上，如出现细小点状烟斑，则是急性伤害的标志。植物长时间暴露于低浓度臭氧中，许多叶片上会出现大片浅褐色或古铜色斑，常导致叶片退绿和脱落。

3. 监测方法

(1) 盆栽植物监测方法

先将指示植物在没有污染的环境中盆栽培植,待生长到适宜大小时,移至监测点,观测它们受害症状和程度。

利用植物监测器(图 6-3)可准确计算空气流量,进而可估算空气中的污染物浓度。该监测器由 A、B 两室组成,A 室为测量室,B 室为对照室。将同样大小的指示植物分别放入两室,用气泵将污染空气以相同流量分别打入 A、B 室的导管,并在通往 B 室的管路中串接一个活性炭净化器,以获得净化空气,待通入足够量的污染空气后,即可根据 A 室内指示植物出现的受害症状和预先确定的与污染物浓度的相关关系估算空气中的污染物浓度。

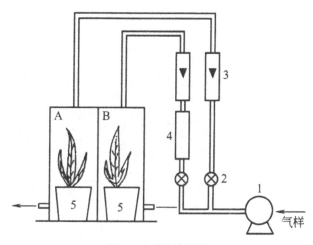

图 6-3　植物监测器

1—气泵;2—针形阀;3—流量计;4—活性炭净化器;5—盆栽指示植物

(2) 现场调查法

① 植物群落调查法。调查现场植物群落中各种植物受害症状和程度,估测大气污染情况。

② 调查地衣和苔藓法。地衣和苔藓等低等植物分布广泛,其中某些种群对二氧化硫、氟化氢等污染物反应敏感。通过调查树干上的地衣和苔藓的种类、数量分布的变化和生长发育状况,就可以估计空气污染程度。对于没有适当的树木和石壁观察地衣和苔藓的地方,可以进行人工栽培并放在苔藓监测器中进行监测。苔藓监测器的组成和测定原理与前面介绍的指示

植物监测器相同,只是可以更小型化。

(3)其他监测法

还可以用生产力测定法、指示植物中污染物含量测定法等来监测大气污染。生产力测定法是利用测定指示植物在污染的大气环境中进行光合作用等生理指标的变化来反映污染状况,如植物进行光合作用产生氧的能力测定、叶绿素 a 的测定等。植物中污染物含量的测定是利用理化监测方法测定植物所吸收积累的污染物的量来判断污染情况。

第 7 章 物理性污染监测技术

人类生存的环境中各种物质都在不停地运动着,物质的运动表现为能量的交换和变化,从而构成了物理环境。如各种机器产生的声波包围着人们,各种设备发出的电磁波包围着人们,各种能源不断释放的热、光、放射性等(如噪声、振动、电磁辐射、核污染等)也影响着人群。物理因素在环境中过量,超过了人的忍耐限度就会造成物理污染(又称能源污染),使人眩晕恶心,导致多种疾病甚至死亡。物理污染对人类的威胁日益严重,人类必须控制物理污染,开展物理污染监测。物理污染监测的内容很多,除了前面讲到的噪声污染监测,还有环境辐射监测、热污染监测、振动污染监测、电磁污染监测和核污染监测等。

7.1 噪 声 监 测

7.1.1 噪声监测概述

1. 声音和噪声

物体的振动产生声音,凡能发生振动的物体统称为声源,声源可分为固体声源、液体声源和气体声源等。人类是生活在一个声音的环境中,通过声音进行交谈以及参加各种活动。但有些声音,比如震耳欲聋的机器声,呼啸而过的飞机声等,却给人类带来危害,这些在人类生活和工作中所不需要的声音叫噪声。从物理学上讲,无规律、不协调的声音,即频率和声强都不同的声波呈现无规律的杂乱组合就称为噪声。从声理学上讲,凡是使人厌烦的声音,即人们不需要的声音就称为噪声。噪声还应该包括人们不愿意听到的各种声音或对我们工作和生活有干扰的声音。此外,噪声还决定于人们的主观感觉、生活环境等因素。在人需要安静的时候,任何声音都可能成为噪声。

2. 噪声的分类

声音是由声源的振动产生的,按照发声机理来分,噪声源分为机械噪声、气动噪声和电磁噪声三类。由于物体振动以及刚性物体间相互碰撞、摩擦产生的噪声,称为机械噪声,如织布机、印刷机、锻压机、齿轮的运转声,汽车运行时发动机工作发出的噪声等;气流流经障碍物时,在障碍物后方的附面层便产生脱体涡流,从障碍物的上方和下方交替,这种由于气体相互运动或摩擦产生的噪声,称为气动噪声,如大风天气,窗户没有关严时,室内听到的风的呼啸声、空压机、鼓风机、枪炮爆炸声等;由交变电磁场产生的噪声,称为电磁噪声,如变压器、电机等。

按照噪声的来源,分为交通噪声、厂矿噪声、建筑施工噪声、社会生活噪声和工业噪声五大类。

①交通噪声。指汽车、火车、轮船及飞机等一切交通工具在行驶过程中产生的噪声。其中道路交通噪声已成为我国城市噪声的主要噪声源。

②厂矿噪声。厂矿企业生产过程中各种设备产生的噪声,称工业噪声。在新兴城市工业区与居民区分离,厂矿噪声主要对工人影响较大。老城市由于工业区与居民区混杂或相近,厂矿噪声不仅影响工人,对周边居民也产生严重影响。

③建筑噪声。指打夯机、挖掘机、电锯、电锤等施工机械运转时产生的噪声。

④社会生活噪声。指社会活动和家庭生活产生的高音喇叭、电视机、鞭炮声以及人们的喧哗声,使社会环境不安静的杂乱声音。

⑤工业噪声。指工厂在生产过程中由于机械震动、摩擦撞击产生的噪声。例如化工厂的空气压缩机、和锅炉排气放空时产生的噪声。由于工业噪声声源多而分散,噪声类型比较复杂,治理起来相当困难。

3. 噪声污染及特征

噪声污染属于物理污染,需要具备噪声源、传播介质(空气)和声波接收者(人、动物)三个要素。噪声对人的危害机理主要体现在声波对人听觉的刺激,引起神经系统紊乱而致使内分泌失调,并诱发多种疾病。噪声污染有以下几个特点。

①即时性噪声的物理污染与化学污染不同之处在于其污染没有随时间蓄积和残留。噪声是以能量的形式向周围传播的,作为能量污染的噪声无论强度多大,一旦声源停止发声,其噪声辐射的能量立即消失,不在环境中停留和积累。

②发散性噪声在空间向四面八方发散,并无特定的方向。噪声污染的大小程度取决于受污染者的心理和生理因素。

③局部性噪声强度在传播过程中随传播距离的增加急剧衰减,并受障碍物的吸收和反射。因此,噪声污染仅在一定范围内的局部产生影响,而不会像和大气污染那样造成大范围的扩散和危害。如在街道和铁路两旁居住的居民就会经常受到交通噪声污染,在工厂和矿区周围的居民就会经常受到工业噪声的污染等。

7.1.2　噪声标准

噪声标准是指在不同时间、不同情况下所容许的最高噪声级。噪声标准通常分为三类:一类是保护职工身体健康(主要是保护听力)的劳动卫生标准,一类是环境噪声标准,还有一类是产品噪声标准。

1. 健康保护和听力保护标准

我国颁布的《工业企业噪声卫生标准》,规定了工业企业生产车间和作业场所的噪声标准为接触噪声 8h,85dB(A),时间减半,噪声值允许增加 3dB(A)。现有企业经过努力暂时达不到该标准时,可放宽到 90dB(A),暴露时间减半允许放宽 3dB(A)。实际工作中企业往往都采用 90dB(A)的标准。表 7-1 和表 7-2 中列出了我国的噪声劳动卫生标准。

表 7-1　新建、扩建、改建企业参照表

每个工作日接触噪声时间/h	允许噪声/dB(A)
8	85
4	88
2	91
1	94

注:最高不得超过 115dB(A)

表 7-2　现有企业暂时达不到标准的参照表

每个工作日接触噪声时间/h	允许噪声/dB(A)
8	90
4	93
2	96
1	99

注:最高不得超过 115dB(A)

2. 环境噪声标准

在声级 70dB 环境中,谈话就感到困难。而干扰睡眠和休息的噪声级阈值白天为 50dB,夜间为 45dB。我国环境噪声允许范围见表 7-3。

表 7-3　我国环境噪声允许范围　　　　　　　　单位:dB

人的活动	最高值	理想值
体力劳动(保护听力)	90	70
脑力劳动(保证语言清晰度)	60	40
睡眠	50	30

环境噪声标准制定的依据是环境基本噪声。各国大多参考 ISO 推荐的基数(如睡眠为 30dB),根据不同时间、不同地区和室内噪声受室外噪声影响的修正值以及本国具体情况来制定(见表 7-4、表 7-5 和表 7-6)。

表 7-4　一天不同时间对基数的修正　　　　　　单位:dB

时间	修正值
白天	0
晚上	−5
夜间	−10～−15

表 7-5　不同地区对基数的修正值　　　　　　　单位:dB

地区	修正值
农村、医院、休养区	0
市郊、交通量很少的地区	+5
城市居住区	+10
居住、工商业、交通混合区	+15
城市中心(商业区)	+20
工业区(重工业)	+25

表 7-6　室内噪声受室外噪声影响的修正值

窗户状况	修正值
开窗	−10
关闭的单层窗	−15
关闭的双层窗或不能开的窗	−20

3. 机动车辆允许噪声标准

我国机动车辆允许噪声标准见表 7-7。

表 7-7　我国机动车辆允许噪声标准

车辆种类		1985 年以前生产的车辆/dB(A)	1985 年以后生产的车辆/dB(A)
载重汽车	8t≤载重＜15t	92	89
	3.5t≤载重＜8t	90	86
	载重量＜3.5t	89	84
公共汽车	总重 4t 以上	89	86
	总重 4t 以下	88	83
轿车		84	82
摩托车		90	84
轮式拖拉机		91	86

4. 内河船舶噪声标准

内河船舶噪声级规定（GB 5980—86）的标准值见表 7-8 和表 7-9。

表 7-8　船舶分类

类别	划分说明		备注
	船长（两柱间长）/m	航行时间/h	
Ⅰ	＞75	＞24	
Ⅱ	＞75	12～24	
	30～75	＞12	
Ⅲ	＜30		只考虑船长
		＜12	只考虑航行时间

表 7-9　各类船舶不同舱室噪声级最大限制值

部位		限制值 L_{pA}/dB		
		Ⅰ	Ⅱ	Ⅲ
机舱区	有人值班机舱主机操纵处	90[①]		
	有控制室的或无人的机舱	110[①]		
	机舱控制室	75	78	—
	工作间	90		

续表

部位		限制值 L_{pA}/dB		
		Ⅰ	Ⅱ	Ⅲ
驾驶区	驾驶室	65	70	70
	报务室	65	70	—
起居区	卧室②	60	65	70
	医务室	60	65	—
	办公室、休息室等舱室	65	70	75
	厨房	80	85	85

注：①机舱内任一测点的噪声级不得大于 110dB。

②客舱参照执行

7.1.3　噪声测量仪器及噪声监测

1. 噪声测量仪器

噪声测量仪器主要有：声级计、声级频谱仪、记录仪、录音机和实时分析仪器等。本部分主要介绍最常用的声级计。

（1）声级计

1）原理

声级计主要由传声器、放大器、衰减器、计权网络、电表电路及电源等部分组成，如图 7-1 所示。

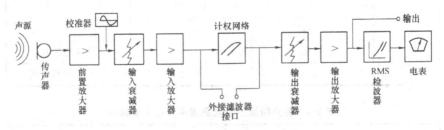

图 7-1　声级计工作原理示意图

为了适用野外测量，声级计电源一般要求电池供电。为了保证测量精度，仪器应进行校准。声级计类型不同其性能也不一样，普通声级计的测量误差约为 ±3dB，精密声级计的误差约为 ±1dB。

2）种类

①普通声级计。它对传声器要求不太高。图 7-2 是一种普通的声级计

(PSJ 型声级计)的外形图。

②精密声级计。它对传声器要求频响宽、灵敏度高、长期稳定性好,并且能够与各种带通滤波器配合使用。

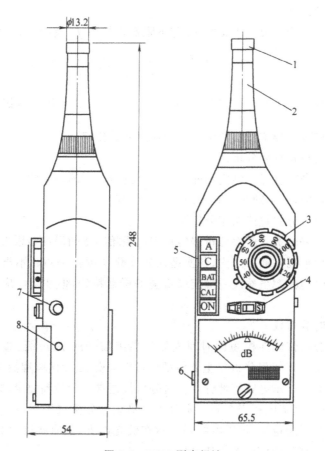

图 7-2　PSJ-2 型声级计

1—测试传声器;2—前置级;3—分贝拨盘;4—快慢(F、S)开关;

5—按键;6—输出插孔;7—10dB 按钮;8—灵敏度调节孔

当精密声级计配备倍频程滤波器时,可以构成频谱声级计进行声频频谱测量与分析。

(2)频率分析仪

噪声是由许多频率成分组成的,为了了解噪声频率成分,需要进行噪声的频谱分析。常用的频率分析仪器有以下几种。

1)等对数带宽式频率分析器

这种分析器的上下截止频率之间有以下关系

$$x = \lg 2 \frac{f_\mathrm{u}}{f_\mathrm{l}} \tag{7-1}$$

式中，x 为倍频程数，若取 $x=1$ 时，则为倍频程分析器；若取 $x=1/3$ 时，则为 1/3 倍频程分析器。

设各频带的上限截止频率 f_u 与下限截止频率 f_l 及中心频率 f_c，对于倍频程滤波器有 $f_\mathrm{u}=\sqrt{2}f_\mathrm{c}=1.414f_\mathrm{c}$，$f_\mathrm{l}=\dfrac{1}{\sqrt{2}}f_\mathrm{c}=0.707f_\mathrm{c}$；对于 1/3 倍频程滤波器有 $f_\mathrm{u}=\sqrt{2}f_\mathrm{c}=1.123f_\mathrm{c}$，$f_\mathrm{l}=\dfrac{1}{\sqrt{2}}f_\mathrm{c}=0.89f_\mathrm{c}$。使用声级计和倍频程或 1/3 倍频程频率分析器可以进行噪声频谱测定。

2）恒定带宽频率分析器

这是频带宽度保持恒定不变的一种分析器。它的每个频带所包含的频率数是恒定的，并不随噪声频率的增高而增宽。

3）恒定百分带宽式频率分析器

恒定百分带宽式频率分析器的频带宽是随频率的增加而增大的。只要基频的变化范围在通带之内，各次谐波的变化范围就绝对超不出相应的通频带。测得的频率虽然没有恒定频带宽分析器精确，但在实际应用中已经足够了。

4）实时分析仪

实时分析仪能在极短的时间内显示出声信号的 A 声级、总声级和频谱。实时 1/3 倍频程分析仪主要包括测量放大器、1/3 倍频程滤波器、阴极射线管及数字显示电路等部分。实时分析仪通常用于较高要求的研究和测量，但目前使用范围相当有限。实时 1/3 倍频程分析仪用作声音和振动的快速频谱分析测量时，可以将结果显示在荧光屏上，能直接读出数字，它特别适用于瞬时脉冲信号的快速分析。

（3）自动记录仪

记录仪是将测量的噪声声频信号随时间变化记录下来，从而对环境噪声做出准确评价，记录仪能将交变的声谱电信号做对数转换，整流后将噪声的峰值，均方根值（有效值）和平均值表示出来。

（4）磁带录音机

有些噪声现场，由于某些原因不能当场进行分析，需要存储噪声信号，然后带回实验室分析，这就需要录音机，供测量用的录音机不同于家用的录音机，其性能要求要高得多，频率范围一般为 20～15000Hz，失真小于 3%，信噪比大于 35dB。此外，还要求频响特性尽可能平直，动态范围大等。

2. 噪声监测

环境噪声监测是整个环境监测体系的一个分支。通过对环境中各类噪声源的调查、声级水平的测定、频谱特性的分析、传播规律的研究,得出噪声环境质量的结论。环境噪声的监测目的是及时、准确地掌握城市噪声现状,分析其变化趋势和规律,为城市噪声管理、治理和科学研究提供系统的监测资料。

(1)噪声监测程序

1)监测流程

噪声监测的一般程序包括现场调查和资料收集、布点和监测技术、数据处理和监测报告。

环境噪声的监测范围不一定是越宽越好,也不能说掌握了几个主要噪声源周围几百米内的噪声就可以了,而应该是区域内噪声所影响的范围。为便于绘制等声级线图,一般采用网格测量法和定点测量法。

2)测量时间

测量时间根据不同的监测内容要求不同,见表 7-10。

表 7-10　监测时间

项目名称	监测时间
区域环境噪声	白天 8:00～12:00,14:00～18:00。夜间时间一般选在 22:00～5:00
道路交通噪声	白天正常工作时间内
厂界噪声	工业企业的正常生产时间内进行,分昼间和夜间两部分
功能区噪声	24h,每小时测量 20min,或 24h 全时段监测
扰民噪声	白天 6:00～22:00,夜间时间一般选在 22:00～6:00
建筑施工厂界噪声	在各种施工机械正常运行时间内进行,分昼间和夜间两部分
机动车辆噪声	白天时间一般选在 8:00～12:00,14:00～18:00。夜间时间一般选在 22:00～5:00

3)监测条件

一般选择晴朗、无雨、风力较小的天气进行监测,减少自然环境的干扰。

4)数据处理

根据监测所要求的噪声评价量,确立对应的公式进行处理。

5)评价方法

由监测到的数据,根据不同的监测项目要求,用数据平均法或图示法进行评价。

（2）城市环境噪声监测

城市环境噪声的监测适用于为了了解某一类区域或整个城市总体环境的噪声水平，以及了解噪声污染的时间与空间分布规律。

1）城市区域环境噪声监测

①布点。测量点应选在居住或工作建筑物外，离任一建筑物的距离不小于 1m，传声器距离地面的垂直距离不小于 1.2m。将要普查测量城市区域划分为等距离网格，如 500m×500m 或 250m×250m，网格数目一般应该少于 100 个。

②测量。应选择在天气情况较好的时候测量，此时声级计受到自然条件的干扰因素比较小，提高了监测的准确性，铁路两侧区域环境噪声测量，应避开列车通过的时段。

声级计可以手持或固定在三角架上，声级计安装调试好后，置于"慢"响应，每隔 5s 读一个瞬时 A 声级数值，测量数据记录在声级等时记录表。

③数据处理。环境噪声测量数据一般用统计噪声级或等效连续 A 声级进行处理，即将测定数据利用有关公式计算 L_{10}、L_{50}、L_{90}、L_{eq} 的算术平均值（L）和最大值以及标准偏差（s），确定城市区域环境噪声污染情况。如果测量数据符合正态分布，则可用下述两个近似公式来计算 L_{eq} 和 s。

$$L_{eq} = L_{50} + d^2/60, d = L_{10} - L_{90} \tag{7-2}$$

$$s \approx (L_{16} - L_{84})/2 \tag{7-3}$$

所测数据均按由大到小顺序排列，第 10 个数据即为 L_{10}，第 16 个数据即为 L_{16}，其他依此类推。

④评价方法。评价方法为数据平均法和图表法。图表法表示环境噪声的测量结果比较直观。将全市各测点的测量结果以 5dB 为一等级，划分若干等级（如 56～60dB、61～65dB、66～70dB 等，每个区域就是一个等级）。建议以作为环境噪声评价量来绘制噪声污染图。白天和夜间可分别绘制，也可以绘制昼夜等效声级图。

2）城市交通噪声监测

①布点。监测城市的交通噪声时，测点最好设在马路旁的人行道上，这样选点的好处是该点的噪声可以代表两个路口之间的该段马路的交通噪声。

②测量。测量时应避免气候条件的影响，因风力大小等都直接影响噪声测量结果。选用 A 计权，将声级计置于慢挡，安装调试好仪器，每隔 5s 读取一个瞬时 A 声级，连续读取 200 个数据，同时记录车流量（辆/h）。

③评价方法。若要对全市的交通干线的噪声进行比较和评价，必须把

全市各干线测点对应的 L_{10}、L_{50}、L_{90}、L_{eq} 的各自平均值、最大值和标准偏差列出。平均值的计算公式为

$$L(平均值)=(\sum L_i \cdot l_i)/l \qquad (7-4)$$

式中，l 为全市干线总长度，$l=\sum l_i$，km；为所测段干线的等效连续 A 声级 L_{eq} 或累计百分声级 L_{10}，dB(A)；l_i 为所测第段干线的长度，km。

（3）工业企业噪声监测

1）布点

测量工业企业外环境噪声，应在工业企业边界线外 1m、高度 1.2m 以上的噪声敏感处进行。围绕厂界布点，布点数目及时间间距视实际情况而定，一般根据初测结果，声级每涨落 3dB 布一个测点。监测点的选择如图 7-3 所示。

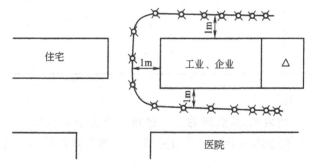

图 7-3 监测点选择示意图

☆ 室外测点；△ 室内测点

2）测量

测量应在工业企业的正常生产时间内进行，分昼间和夜间两部分，计权特性选择 A 声级，动态特性选择慢响应。由于工业企业中的风机、电动机等设备的噪声基本属于稳态噪声，因此直接用声级计测量 A 声级即可。对于非稳态噪声，有两种测量方法。

方法一：在不同区域内 A 声级虽然有较明显的变化，但在每一区域内的噪声可以近似看成稳态噪声（A 声级变化不大），这时则需要测量该声级下的暴露时间，然后计算等效连续 A 声级。

方法二：按区域环境噪声测量方法，在每一个区域的中心，每隔 5s 连续读取 100 个数据求算等效连续 A 声级，然后把所有区域的等效连续 A 声级求算术平均值。

工业企业噪声多属于间断性噪声，因此，在实际监测中可通过测量不同 A 声级下的暴露时间，测量的数据记录见表 7-11。

表 7-11   工业企业噪声记录

年 月 日		厂 车间					
厂址		测量人员					
仪器		计权网络 快慢挡					
车间设备名称 型号		功率 开(台) 停(台)					

车间区域测点 示意图

暴露 时间/ min	区域	中心声级/dB(A)									
		80	85	90	95	100	105	110	115	120	125
	1										
	2										
	3										
	4										

3)数据处理

表 7-11 中的数据,按测量的每一区域声级大小及持续时间进行处理,然后计算出等效连续 A 声级。工业企业一天的等效连续 A 声级的计算公式为

$$L_{eq} = 80 + 10\lg\left\{\sum\left[10^{(n-1)/2}\cdot T_n\right]/480\right\} \tag{7-5}$$

式中,n 为段数,具体数值查表 7-12;T_n 为第 n 段声级一天暴露时间,min。

表 7-12   中心声级对应段数

中心声级/ dB(A) 项目	80	85	90	95	100	105	110	115	120	125
段数 n	1	2	3	4	5	6	7	8	9	10
暴露时间/min	T_1	T_2	T_3	T_4	T_5	T_6	T_7	T_8	T_9	T_{10}

(4)机动车辆噪声监测

机动车辆包括各种类型的汽车、摩托车、拖拉机等。机动车噪声目前已经成了城市环境噪声污染的主要来源,对人们的生活产生了极大的影响。《摩托车和轻便车噪声测量方法》(GB/T 4569—1996)对机动车辆噪声监测作了一系列规定,下面简要介绍机动车的噪声监测。

1)测量场地及测点位置

测量场地可以参照图 7-4 和图 7-5 进行设置。测试话筒位于中心点 O 两侧且距离中心点 O 各 7.5m,用三角架固定,话筒平行于路面,其轴线垂直于车辆行驶方向。

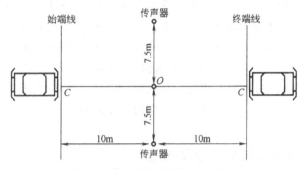

图 7-4　车外噪声测量场地示意图

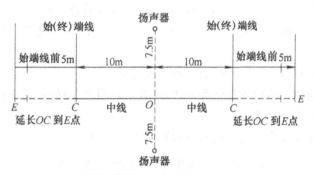

图 7-5　摩托车测量场地示意图

2)加速行驶时,车外噪声测量方法

发动机转速为发动机额定转速的 3/4,此时可以控制车速进入测量区。前进挡位 4 挡以上的车辆用第 3 挡、挡位 4 挡以下的用第 2 挡行驶。对于自动换挡车辆,使用在试验区间加速最快的挡位。拖拉机以最高挡位,最高车速的 3/4 稳定地到达始端线。车辆到达始端线时开始加速,车辆到达终端线时停止加速。如果车辆达不到这个要求,可以延长 OC 距离为 15m,或车辆使用挡位降低一挡。车辆后端不包括拖车及和拖车连接的部分。

3)数据处理

车外噪声一般用最大值来表示。取受检车辆同侧两次测量声级的平均值中的最大值作为受检车辆加速行驶或匀速行驶时的噪声级。如果只用一个声级计测量,同样的测量应往返进行两次。

7.2　放射性污染监测

在人类生存的环境中,由于自然或人为原因,存在着电离辐射。随着原子能工业的迅速发展,排放放射性废物量不断增加,核爆炸试验和核事故屡有发生,放射性物质在国防、医疗、科研和民用等领域的应用不断扩大,有可能使环境中的辐射水平高于天然本底值,甚至超过标准规定的剂量限值,危害人体健康,破坏生物的正常生长。因此,对空气、水体、岩石和土壤等环境要素进行辐射性监测,是环境保护工作的重要内容。

7.2.1　放射性监测的对象及内容

放射性监测是指为了评估和控制辐射或放射性物质的照射,对放射性污染物的含量或剂量进行的测量,及对测量结果的分析和解释。

放射性监测的对象主要有陆地、空气、水体、土壤、生物等。放射性监测的内容有:

①放射源强度、半衰期、射线种类及能量。

②环境和人体中放射性物质含量、放射性强度、空间放射量或电离辐射剂量。具体内容见表 7-13。

放射性环境质量监测的项目和频次见表 7-14。

表 7-13　放射性环境质量监测的对象和内容

监测对象		监测内容
陆地		γ 辐射剂量
空气	气溶胶	悬浮在空气中微粒态固体或液体中的放射性核素的含量
	沉降物	自然降落在地面上的颗粒物、降水中的放射性核素的含量
	水蒸气	空气中氚化水蒸气中氚的浓度
水体	地表水	江、河、湖、库中的放射性核素浓度
	地下水	地下水中的放射性核素浓度
	饮用水	自来水、井水及其他饮用水中的放射性核素浓度
	海水	近海海域的放射性核素浓度
底泥		江、河、湖、库及近海海域沉积物中的放射性核素浓度
土壤		土壤中放射性核素的含量

续表

监测对象		监测内容
生物	陆生生物	谷物、蔬菜、牛(羊)奶、牧草中的放射性核素浓度
	水生生物	淡水和海水的鱼类、藻类及其他水生生物体内的放射性核素浓度

表 7-14　放射性环境质量监测的项目和频次

监测对象	监测项目	监测频次
陆地 γ 辐射	γ 辐射空气吸收剂量率	连续监测或每月一次
	γ 辐射累积剂量	每季一次
氚	氚化水蒸气	每季一次
气溶胶	总 α、总 β、γ 能谱分析	每季一次
沉降物	γ 能谱分析	每季一次
降水	^{3}H、^{210}Po、^{210}Pb	每年一次降雨期
水	U、Th、^{226}Ra、总 α、总 β、^{90}Sr、^{137}Cs	每半年一次
土壤和底泥	U、Th、^{226}Ra、^{90}Sr、^{137}Cs	每年一次
生物	^{90}Sr、^{137}Cs	每年一次

7.2.2　放射性监测仪器

1. 电离型监测器

此种监测器的工作原理是基于射线通过气体时,气体发生电离效应,其中电流电离室、正比计数管和盖革计数管(GM 管)的应用较广泛。电流电离室可以测定电离效应产生的电流,常用于强放射性的检测。另外两种可以测定每个入射粒子产生的电离效应而引发的脉冲式电压变化,这样可以确定入射粒子数目,常用于弱放射性的检测。由于所施加的工作电压不相等,导致发生不同的电离效应,因此这三种检测器具有各自的工作状态和功能。

2. 闪烁监测器

如图 7-6 所示,此种监测器的工作原理是基于射线与物质作用可以发生闪光,当射线照在闪烁体上时,便发射出荧光光子。光导和反光材料可以将大部分光子收集在光电倍增管的光阴极上。光子在阴极上打出光电子，经过放大器的放大处理后，在阳极上产生脉冲式电压，再经电子线路分析后，被记录下来。

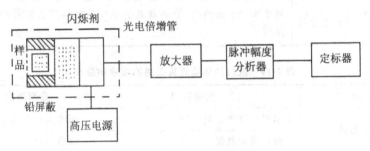

图 7-6　闪烁检测器工作原理

闪烁体的材料可用硫化锌(可用于探测 α 粒子)、碘化钠(可用于探测 γ 射线)等无机物和萘、蒽等有机物。

闪烁检测器的优点为高灵敏度、高计数率，适用于测量 α、β、γ 辐射强度。

3. 半导体探测器

图 7-7 是半导体探测器的工作原理示意。此种探测器采用的检测元件为固态半导体，当射线照射该元件后，生成电子-空穴对，在外加电场作用下，电子和空穴分别移向两极，并被半导体的电极所收集，引起脉冲电流，经放大后，由电子线路分析、记录。

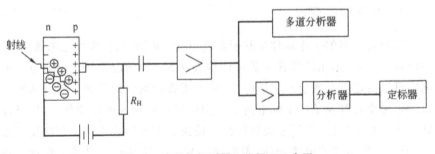

图 7-7　半导体探测器工作原理示意图

n,p—半导体的 n 极和 p 极；R_H—电阻

此种测器可用于测量 α、β 和 γ 辐射。α 计数和 α 能谱、β 能谱的测定一般采用硅半导体检测器。γ 射线一般采用锗半导体作检测元件，因为它的原子序数较大，对 γ 射线吸收效果更好。

7.2.3　环境中的放射性监测

1. 放射性样品的采集

放射性监测频率应依环境受污染的情况而定,常规监测可一年两次或每季度一次。若监测排放源对环境污染情况时,则可根据排放的变化情况、放射性核素的半衰期、环境介质稳定情况及统计学的要求而定。如放射性核素半衰期短,则采样频率应高,可连续采样或每日采样一次;又如对于短半衰期的放射性核素,监测频率和采样频率一般相同,而对长半衰期的放射性核素,测量频率可以减少,且可将几次采集的样品混合,进行一次性的测定。

（1）放射性气体的采集

在环境监测中采集放射性气体样品,常采用固体吸附法、液体吸收法和冷凝法。

1）固体吸附法

应用固体颗粒做收集器。固体吸附剂的选择应首先考虑与待测组分的选择性和特效性,以使其他组分的干扰降至最少,利于分离和测量。常用吸附剂有活性炭、硅胶和分子筛等。活性炭是^{131}I 的有效吸附剂,因此混有活性炭细粒的滤纸可作为^{131}I 收集器;硅胶是^{3}H 水蒸气的有效吸附剂,如采用沙袋硅胶包自然吸附或采用硅胶柱抽气吸附。对气态^{3}H 的采集必须先用催化氧化法将气态^{3}H 氧化生成氚化水蒸气后,再用上述方法采样。

2）液体吸收法

该法是利用气体在液相中的特殊反应或气体在液相中的溶解而进行的。为除去气溶胶,可在采样管前安装气溶胶过滤器。

3）冷凝法

可以采用冷凝器收集挥发性的放射性物质。一般冷凝器采用的冷却剂有干冰和液态氮。装有冷肼的冷凝器适于收集有机挥发性化合物和惰性气体。

（2）放射性气溶胶的采集

采集方法有过滤法、沉积法、黏着法、撞击法和向心法等。

过滤法简单,应用最广。采样设备由过滤器、过滤材料、抽气动力和流量计等组成。采样时抽气流速约为 100～200L/min,气溶胶被阻挡在过滤布或特制微孔滤膜上。

（3）放射性水样的采集

放射性水样的布点、采样原则与水质污染监测基本相同。采样容器可选用聚乙烯瓶或玻璃瓶，为防止放射性核素在储放过程中的损失，需加入烯酸或载体、络合剂等。

2. 水样的总 α 放射性活度的测定

采集一定量的水样，过滤掉其中的固体物质，用硫酸对滤液进行酸化处理，蒸干后，在低于 350℃ 的条件下灰化，用闪烁检测器测量灰化后的样品。测量总 α 放射性活度的标准源常选择硝酸铀酰。水样的总 α 比放射性活度（Q_a）用式（7-6）计算：

$$Q_a = \frac{n_c - n_b}{n_s V}$$ (7-6)

式中，Q_a 为比放射性活度，Bq(铀)/L；n_c 为用闪烁检测器测量水样得到的计数率，计数/min；n_b 为空测量盘的本底计数率，计数/min；n_s 为根据标准源的活度计数率计算出的检测器的计数率，计数/(Bq·min)；V 为所取水样的体积，L。

3. 水样的总 β 放射性活度的测定

其测定步骤与总 α 放射性活度的测定步骤大体一致，但检测器应选用低本底的盖革计数管，且用含 ^{40}K 的化合物作标准样品。^{40}K 标准源可用天然钾的化合物（如氯化钾或碳酸钾）制备。

4. 土壤中总 α、总 β 放射性活度的测定

在采样点选定的范围内，沿直线每隔一定距离采集一份土壤样品，共采集 4～5 份。用取土器取 10cm×10cm、深 1cm 的表土。除去土壤中的石块、草类等杂物，在实验室内晾干或烘干，移至干净的平板上压碎，铺成 1～2cm 厚方块，用四分法缩分，直到剩余 200～300g，再于 500℃ 灼烧，冷却后研细、过筛备用。

称取适量制备好的土壤样品放于测量盘中，铺成均匀的样品层，用相应的探测器分别测量 α、β 比放射性活度。α、β 比放射性活度分别用式（7-7）和式（7-8）计算。

$$Q_a = \frac{(n_c - n_b) \times 10_6}{60 n_s SLF}$$ (7-7)

式中，Q_a 为 α 比放射性活度，Bq/kg；n_c 为样品的 α 放射性总计数率，计数/min；n_b 为空测量盘的本底计数率，计数/min；n_s 为检测器的计数率，计数/(Bq·min)；S 为样品的面积，cm²；L 为单位面积样品的质量，mg/cm²；F 为自吸校正因子，对较厚的样品一般取 0.5。

$$Q_\beta = \frac{n_c}{n_s} \times 1.48 \times 10^4 \qquad (7\text{-}8)$$

式中,Q_β 为 β 比放射性活度,Bq/kg;n_c 为样品的 β 放射性总计数率,计数/min;n_s 为氯化钾标准源的计数率,计数/(Bq·min);1.48×10^4 为 1kg 氯化钾所含 40K 的 β 放射性的贝可数。

5. 室内环境空气中氡的测定

(1)电离型检测器法原理

根据活性炭常温能吸附氡、高温能释放氡的特性。用活性炭常温采集、浓缩大体积空气中的氡,如图 7-8 所示,为常用的活性炭盒的结构示意图,然后加热解析,引入电离室中静止 3h,待氡和其子体平衡后,用经过 ^{222}Rn 标准源校准的静电计测量电离电流。当气体流速为 $1\sim2$L/min 时,活性炭的吸收率达 90% 以上。

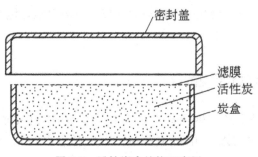

图 7-8　活性炭盒结构示意图

(2)闪烁室法原理

氡引入闪烁室后,闪烁室的示意图如图 7-9 所示,氡及其子体发射的 α 粒子使室壁的 ZnS 产生闪烁荧光。放置 3h 后,测量放射性。

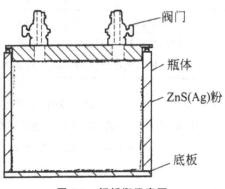

图 7-9　闪烁瓶示意图

7.3 电磁辐射污染监测

7.3.1 电磁污染机理

电磁辐射(Electromagnetic Radiation),就是能量以电磁波的形式通过空间传播的现象。为了防止电磁辐射的污染,对产生电磁辐射污染的单位或部门制定管理限值,并对超过豁免水平的电磁辐射体在工作场所以及周围环境的电磁辐射水平进行监测。

环境电磁场可以分为两大类:一类为"一般电磁环境",它是指在较大范围内,电磁辐射的背景值是由各种电磁辐射源通过各种传播途径造成的电磁辐射环境本底;另一类称为"特殊电磁环境",它是指一些典型的辐射源在局部小范围内造成的较强的电磁辐射环境。一般电磁环境可以作为特殊电磁环境的本底辐射电平。

7.3.2 电磁辐射污染的来源

电磁辐射是电场和磁场周期性变化产生波动,并通过空间传播的一种能量,也称作电磁波。电磁辐射污染源包括天然污染源和人为污染源两类。

天然的电磁辐射是由于大气中的某些自然现象引起的,其分类见表 7-15。

表 7-15 天然电磁污染源

分　类	来　源
大气与空间污染源	自然界的火花放电、雷电、台风、高寒地区飘雪、火山喷烟等
太阳电磁场源	太阳的黑子活动与黑体放射
宇宙电磁场源	银河系恒星的爆发、宇宙间电子移动等

人为电磁辐射来自人类开发和利用以电为能源的活动,其来源有广电设备与电信设备、工业用电磁辐射设备、医疗用电磁辐射设备、科学研究及其他用途的电磁辐射设备、电力系统设备、交通系统设备、各类家用电器。它是电磁辐射的主要来源。

7.3.3 电磁辐射污染的危害

电磁辐射不仅能引起人的身体器官不适,直接危害人的身心健康,而且还能干扰各种仪器设备的正常工作。

1. 危害人体健康

电磁辐射对人体产生不良影响的程度与电磁辐射强度、接触时间、设备防护措施等因素有关。如可损害人的中枢神经系统;影响人的心血管系统;影响遗传和生殖功能;增加癌症的发病率;对人的视觉系统产生不良影响等。

2. 干扰信号

电磁辐射可以对电子设备和家用电器产生不良的影响。大功率的电磁波在室内会互相产生严重的干扰,导致通信系统受损,影响电子设备、仪器仪表的正常工作,造成信息失真、控制失灵,造成严重事故发生。如引起飞机、导弹或人造卫星失控;干扰医院的脑电图、心电图等信号,使之无法工作。

7.3.4 电磁辐射污染的监测

1. 电磁辐射污染的监测仪器

(1)非选频式宽带辐射测量仪

非选频式宽带辐射测量仪带有方向性探头,测量时具有各向同性响应。使用探头时,要调整探头方向确保测量仪能够测出最大辐射电平。

由偶极子和检波二极管组成探头,有三个正交的 2~10cm 长的偶极子天线,端接肖特基检波二极管、RC 滤波器组成。检波后的直流电流经高阻传输线或光缆送入数据处理和显示电路。

使用非选频式宽带辐射测量仪进行电磁辐射污染监测时,应注意:各向同性误差≤±1dB;系统频率响应不均匀度≤±3dB;灵敏度 0.5V/m;校准精度±0.5dB。

(2)选频式辐射测量仪

该类仪器用于环境中低电平电场强度、电磁兼容、电磁干扰的测量。常用的选频式辐射测量仪有场强仪、微波测试接收机。

用于环境中低电平电场强度、电磁兼容、电磁干扰测量。除场强仪(或称干扰场强仪)外,可用接收天线和频谱仪或测试接收机组成的测量系统经校准后,用于环境电磁辐射测量。用于环境电磁辐射测量的仪器种类较多,凡是用于 EMC(电磁兼容)、EMI(电磁干扰)目的的测试接收机都可用于环境电磁辐射监测。专用的环境监测仪器,也可组成测量装置实施环境监测。

2. 电磁辐射污染监测的方法

(1)监测点的布设方法

①扇形布点法。对典型辐射体的电磁辐射污染进行监测时,应以该辐射体为中心,按间隔45°的八个方位为测量线,在每条线上距辐射体分别为30m、50m、100m 等不同距离的位置设置测点,进行测量,测量的范围根据现场情况确定。

②网格布点法。例如对整个城市的电磁辐射污染进行监测时,首先应该绘制城市地图,将监测区域划分为若干 1km ×1km 的小方格,将方格中心设置为测点。在地图上布点后,还应对实际测点的地形地物等因素进行实地考察,确保实际测点避开高层建筑物、树木、高压线等,尽量选在空旷的区域。对规定测点进行调整时,所允许的最大调整范围是方格边长的1/4。

(2)环境条件

气候条件环境温度一般为$-10\sim40℃$,相对湿度小于80%,室外测量应在无雨、无雪、无浓雾、风力不大于三级的情况下进行。室内测量,特别是测量工业高频炉、高频淬火、电解槽等设备的电磁辐射时,应注意环境温度不能超过测量仪器允许的范围。

(3)测量内容

环境电磁场的测量包括各种频率电磁辐射的电场强度、磁场强度、辐射功率密度的测量和辐射频谱分析等。

在辐射源的近区,对电压高而电流小的辐射源主要测量电场;对电流大而电压低的辐射源主要测量磁场。在远区只需测量电场强度 E、磁场强度 H 或平均辐射功率密度 SAV 中的一个量,另外两个量可由计算得出。如果辐射不是单一频率的(例如一般电磁环境和脉冲干扰场等),需要做频谱分析。

在高压条件下(例如高压输电设备等),工频场的测量主要是测量电场;在大电流条件下,主要测量磁场。静电场测量一般是测量静电电位。

(4)测量时间

一般电磁环境的测量需要全天24h 连续监测,考虑到由于各种原因,辐射场可能出现随机波动,每次测量应连续进行 3～5d,对每天的辐射高峰期,还应进行更详细的测量。

典型辐射的测量应在该辐射源正常时进行,考虑到辐射场可能出现的随机波动,每天可在上午、下午、晚上各测一次,每次间隔几分钟读取一个数据,连续测量 3~5d。

(5)数据处理

如果测量仪器读出的场强瞬时值的单位为分贝(dBμV/m),则先按公式(7-9)换算成以 V/m 为单位的场强:

$$E_i = 10^{\left(\frac{x}{20}-6\right)} \tag{7-9}$$

X 为场强仪读数(dBμV/m),然后按公式(7-10)计算:

$$E = \frac{1}{n} \sum_{i=1}^{n} E_i \tag{7-10}$$

式中,E_i 为在某测量点、某频段中被测频率 i 的测量场强瞬时值,V/m;n 为 E_i 值的读数个数;E 为在某测点、某频段中被测频率 i 的场强平均值,V/m。

第8章 环境污染防治的监测新技术

环境监测是利用物理的、化学的和生物的方法,对影响环境质量的因素中有代表性的因子(包括化学污染因子、物理污染因子和生物污染因子)进行长时间的监视和测定,它可以弥补单纯用化学手段进行环境分析的不足。环境监测技术开发建设是环境监测事业的基础和保障,是维护环境和生物安全必不可少的前提条件,是环保产业的重要组成部分。

8.1 自动监测技术

8.1.1 自动环境监测系统组成及在线自动监测仪工作流程

1. 自动环境监测系统组成

连续自动监测系统是由一个中心监测站,若干固定监测分站(子站)和信息、数据传输系统组成。自动监测系统以在线自动分析仪器为核心,运用现代传感器技术、自动化技术、自动测量技术、自动控制技术、计算机应用技术及相关专用分析软件和通信网络进行数据采集、传输和信息控制,其构成如图 8-1 所示。

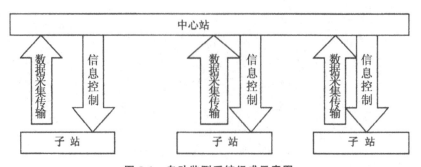

图 8-1 自动监测系统组成示意图

2. 在线自动监测仪工作流程

(1)水质自动监测仪工作流程

水样经采样器输送到分析仪预处理装置,过滤器除去细小悬浮物后,分析仪采样定容,进行各种监测项目的监测,其结果通过采集、处理和存储后传输到各监控站,其流程如图 8-2 所示。

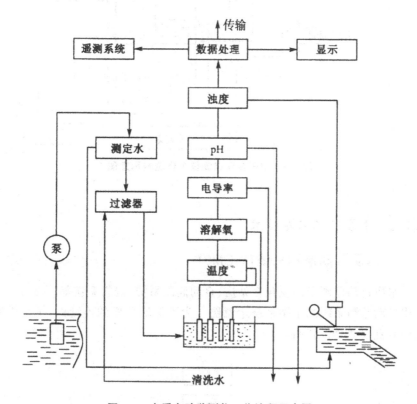

图 8-2　水质自动监测仪工作流程示意图

(2)烟气自动监测仪工作流程

气体采样探头采集到样品后,在烟道直接监测出结果的参数通过信号传输到下方分析仪存储系统中,气体监测项目经过管路到达预处理装置,除去水分和其他杂质,由抽样泵到达分析装置,分析测定如 SO_2、NO_x、O_3 等气体成分。测定结果经处理后被传输到工控机。其流程如图 8-3 所示。

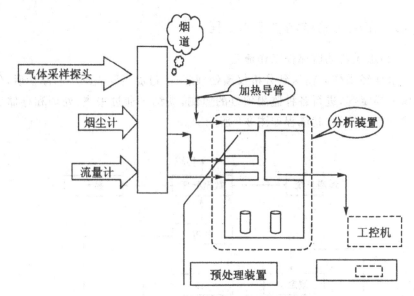

图 8-3   烟气自动监测仪工作流程示意图

8.1.2   水质自动监测技术

1. 水质自动监测系统(WQMS)

水质自动监测子站应包括站房、自动监测系统、避雷系统等。图 8-4 为水质自动监测系统的子站系统示意图。为了保证采样的连续性,子站内的采样装置通常会设置两套。

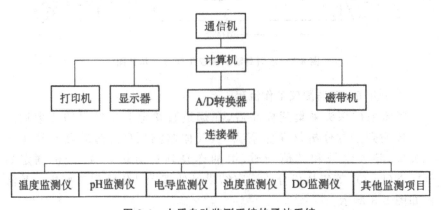

图 8-4   水质自动监测系统的子站系统

2. 水质自动监测仪器

(1)一般指标系统监测仪器

水质连续自动监测一般指标系统的监测仪器有水温监测仪(图 8-5)、电导监测仪(图 8-6)、pH 监测仪(图 8-7)、溶解氧监测仪(图 8-8)、浊度监测仪(图 8-9)等。前四项用电极法原理,浊度测定则是由水样悬浮颗粒散射的数值经微电脑处理,再转化成浊度值。五参数指标系统装置见图 8-10。

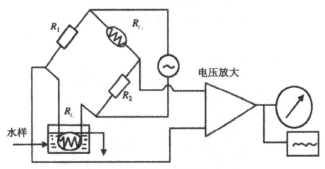

图 8-5　水温自动测量原理

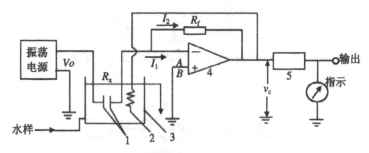

图 8-6　电流法电导率工作原理

1—电导电极;2—温度补偿电阻;3—发送池;4—运算放大器;5—整流器

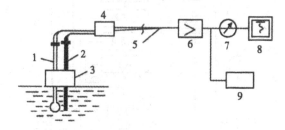

图 8-7　pH 连续自动测定原理

1—复合式 pH 电极;2—温度自动补偿电极;3—电极夹;4—电线连接箱;
5—电缆;6—阻抗转换及放大器;7—指示表;8—记录仪;9—小型计算机

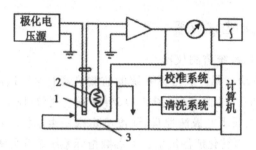

图 8-8　溶解氧连续自动测定原理

1—隔膜式电极；2—热敏电阻；3—发送池

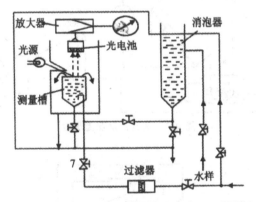

图 8-9　表面散射式浊度自动监测仪工作原理

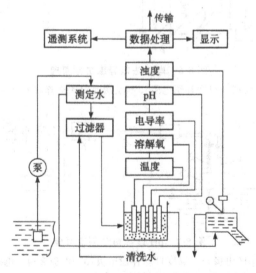

图 8-10　连续自动监测水质一般指标系统示意图

（2）COD 自动监测仪

恒电流库仑滴定法是水样以重铬酸钾为氧化剂在硫酸介质中回流氧化后，过量的重铬酸钾用电解产生的亚铁离子作为库仑滴定剂进行库仑滴定，根据电解产生亚铁离子所消耗的电量，按法拉第定律换算显示出 COD 值。见图 8-11。

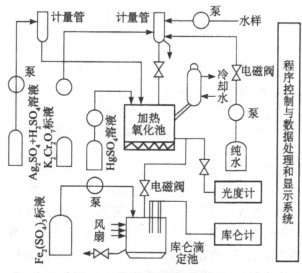

图 8-11　COD 自动监测仪测定流程示意图

（3）BOD 自动监测仪

近年来研制成的微生物膜式 BOD 自动监测仪可在 30min 内完成一次测定。该仪器由液体转送系统、传感器系统、信号测量系统及程序控制、数据处理系统组成，见图 8-12。

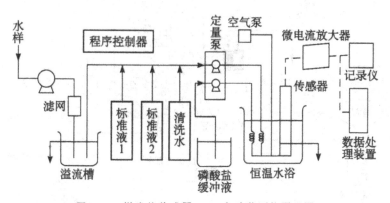

图 8-12　微生物传感器 BOD 自动监测仪原理图

(4)TOC 自动监测仪

总有机碳(TOC)是以碳的含量表示水体中有机物质总量的综合指标。TOC 的测定采用燃烧法,TOC 自动监测仪有单通道和双通道两种类型。单通道型仪器的流程原理图见图 8-13。

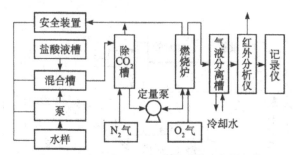

图 8-13　单通道 TOC 自动监测仪工作原理图

(5)氨氮/总氮自动分析仪

氨氮自动分析仪有:①氨气敏电极电位法;②分光光度法;③傅里叶变换光谱法。自动氨氮仪等需要连续和间断测量方式,水样经过在线过滤后,测定值相对偏差较大。总氮自动分析仪有过硫酸盐消解-紫外光度法和密闭燃烧氧化-化学发光法,前者受溴化物离子的干扰,后者无干扰,被认为是自动在线监测的首选方法,测定原理为水样注入温度为 750℃的密闭反应管中,在催化剂的作用下,样品中含氮化合物燃烧氧化生成 NO,然后通过载气(空气)将 NO 导入化学发光检测器进行测定,仪器框图见图 8-14。

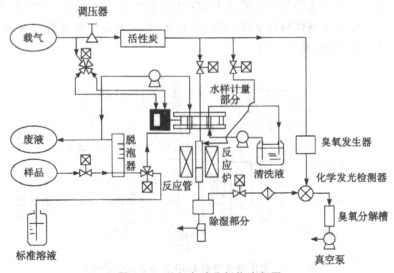

图 8-14　总氮自动分析仪流程图

(6)磷酸盐/总磷自动分析仪

水中磷的测定(图 8-15),通常按其存在的形式而分别测定总磷、溶解性正磷酸盐和总溶解性磷。

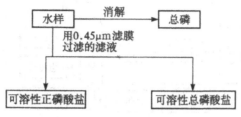

图 8-15　测定水中各种磷流程图

这类仪器主要有:①过硫酸盐消解-光度法;②UV 照射-铝催化加热消解,FIA-光度法(图 8-16)。我国的总磷自动监测仪只有在水样分解方法及分解速度方面有所区别。

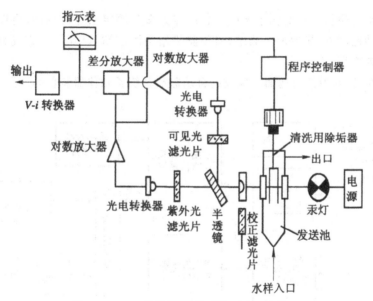

图 8-16　UV(紫外)吸收自动监测仪工作原理

8.1.3　空气质量自动监测技术

1. 空气质量自动监测系统(AQMS)

空气质量连续自动监测系统是由一个中心监测站、若干个子站和信息传输系统组成。该系统是一个由监测仪器、数据通信、计算机组成的网络，见图 8-17。

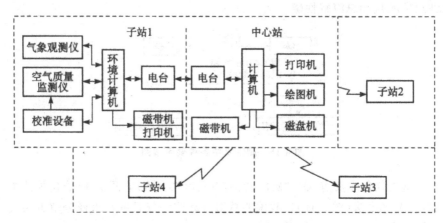

图 8-17　空气质量连续自动监测系统

空气质量自动监测系统中的各站点大多为固定站点，但有时也设有若干流动监测站、排放源监测站、遥测监测站与固定站，以互相补充成为一个完整的系统。

图 8-18 为某市地面空气连续自动监测系统子站仪器装备的框图。

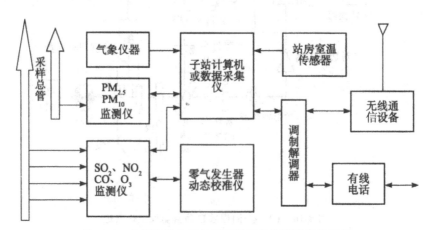

图 8-18　空气连续自动监测系统子站仪器装备的框图

采样系统分集中采样和单独采样两种方式。实际工作中常将这两种方式结合使用。采样气路系统见图 8-19。

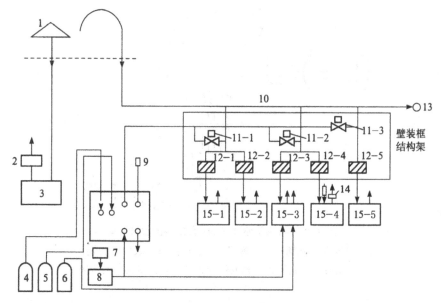

图 8-19 采样气路系统示意图

1—采样探头；2—(14)泵；3—TSP 或 PM_{10}、$PM_{2.5}$；4—NO 瓶；5—CO 瓶；

6—C_mH_n瓶；7—空压机动性；8—零气源；9—安全阀；10—采样玻璃总管；

11-1—SO_2、O_3 阀；11-2—NMHC 阀；11-3—CO 阀；12-1～12-5—过滤器；

13—抽气；15-1～15-5—动态校正器

2. 空气污染连续自动监测仪器

(1)二氧化硫自动监测仪

1)脉冲紫外荧光 SO_2 自动监测仪

该仪器是依据荧光光谱法原理设计的干法仪器,具有灵敏度高、选择性好、适用于连续自动监测等特点,被世界卫生组织(WHO)推荐在全球监测系统采用。

当用波长 190～230nm 脉冲紫外线照射空气样品时,则空气中的 SO_2 分子对其产生强烈吸收,被激发至激发态。

脉冲紫外荧光 SO_2 自动监测仪由荧光计和气路系统两部分组成,如图 8-20 和图 8-21 所示。

2)电导式 SO_2 自动监测仪

电导法测定空气中二氧化硫的原理基于:用稀的过氧化氢水溶液吸收空气中的二氧化硫,并发生氧化反应。

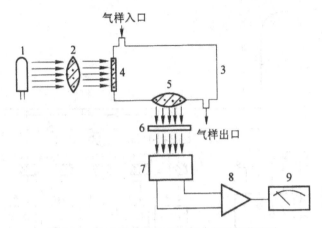

图 8-20　脉冲紫外荧光 SO₂ 自动监测仪荧光计

1—脉冲紫外光源；2,5—透镜；3—反应室；4—激发光滤光片；

6—发射光滤光片；7—光电倍增管；8—放大器；9—指示表

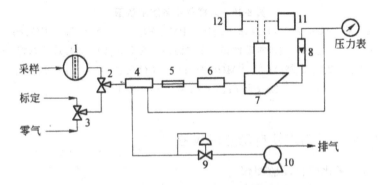

图 8-21　脉冲紫外荧光 SO₂ 自动监测仪气路系统

1—除尘过滤器；2—采样电磁阀；3—零气/标定电磁阀；4—渗透膜除湿器；

5—毛细管；6—除烃器；7—反应室；8—流量计；9—调节阀；

10—抽气泵；11—电源；12—信号处理及显示系统

电导式 SO_2 连续自动监测仪的工作原理如图 8-22 所示。为减小电极极化现象，除应用较高频率的交流电压外，还可以采用图 8-23 所示的四电极电导式 SO_2 连续自动监测仪。

（2）氮氧化物监测仪

连续或间断自动测定大气中 NO_x 的仪器以化学发光 NO_x 自动监测仪应用最多，其他还有恒电流库仑滴定法 NO_x 自动监测仪，比色法 NO_x 自动监测仪。双通道化学发光式氮氧化物监测仪的流程如图 8-24 所示。

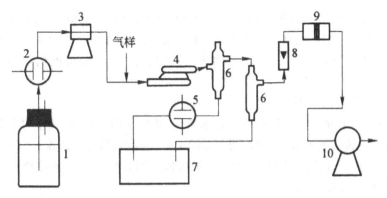

图 8-22　电导式 SO₂ 连续自动监测仪的工作原理

1—吸收液贮瓶;2—参比电导池;3—定量泵;4—吸收管;5—测量电导池;

6—气液分离器;7—废液槽;8—流量计;9—滤膜过滤器;10—抽气泵

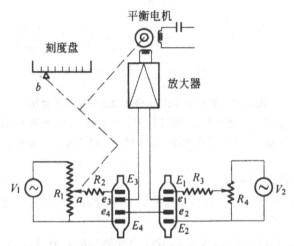

图 8-23　四电极电导式 SO₂ 连续自动监测仪

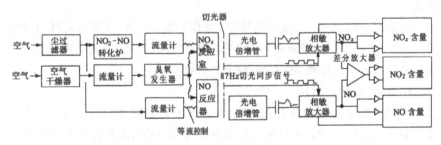

图 8-24　双通道化学发光式氮氧化物监测仪的组成

化学发光法的原理是基于 NO 被 O_3 氧化成激发态 NO_2,当其返回基态时,放出与 NO 浓度成正比的光。用红敏光电倍增管接收可测出 NO 的浓度。对于总氮氧化物 NO 的测定,需先将 NO_2 通过钼催化剂还原成 NO,再与 O_3 反应进行测定。

（3）O_3 自动监测仪

利用 O_3 分子吸收射入中空玻璃管的 254nm 的紫外光,测量样气的出射光强。通过电磁阀的切换,测量涤除 O_3 后的标气的出射光强。二者之比遵循比尔-朗伯公式,据此可得到 O_3 浓度值。图 8-25 所示为紫外吸收式 O_3 分析仪工作原理示意图。

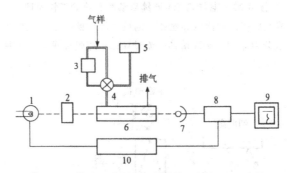

图 8-25　紫外吸收式 O_3 分析仪工作原理示意图

1—紫外光源;2—滤光器;3—除 DO 器;4—电磁阀;5—标准 O_3 发生器;
6—气室;7—光电倍增管;8—放大器;9—记录仪;10—稳压电源

（4）CO 自动监测仪

连续测定空气中 CO 的自动监测仪以非分散红外吸收光谱法（图 8-26）的应用最为广泛。

一氧化碳对以 $4.5\mu m$ 为中心波段的红外辐射具有选择性吸收,在一定浓度范围内,吸收程度与 CO 浓度呈线性关系,根据吸收值确定样品中 CO 浓度。

该法属干法操作,无须配置溶液,操作简便、快速,可实现连续自动监测。CO_2、水蒸气和悬浮颗粒物有干扰,需经特殊过滤管处理。该系统对气体的检测有响应速度快、成本低、精度高等优点。

（5）总烃自动监测仪

测定空气中总烃的仪器是带有火焰离子化检测器（FID）的气相色谱仪。间歇式总烃自动监测仪的工作原理示于图 8-27,在程序控制器的控制下,周期性地自动采样、测定和进行数据处理、显示、记录测定结果,并定期校准零点和量程。

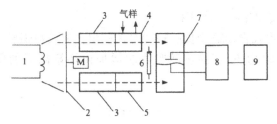

图 8-26　非色散红外吸收法 CO 监测仪原理示意图

1—红外光源;2—切光片;3—滤波室;4—测量室;5—参比室;

6—调零挡板;7—检测室;8—放大及信号处理系统;9—指示表及记录仪

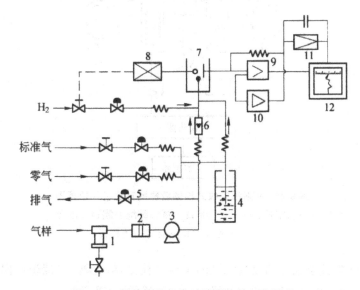

图 8-27　间歇式总烃自动监测仪的工作原理

1—水分捕集器;2—滤尘器;3—气泵;4—鼓泡器;5—流量控制阀;

6—流量计;7—FID;8—灭火报警器;9—电流放大器;

10—自动校准装置;11—积分器;12—记录仪

(6)细颗粒物自动监测仪

细颗粒物是指能长期悬浮在空气中,随人的呼吸进入呼吸道的颗粒不大于 2.5ptm 的飘尘。空气中的颗粒物直径越小,越容易富集有毒物质,并且被吸入呼吸道的部位越深。$10\mu m$ 的直径颗粒通常沉积在上呼吸道,而 $2.5\mu m$ 以下的颗粒物 100% 地深入到细支气管和肺泡中,附着在呼吸道和肺泡内壁上,能刺激局部组织发生炎症,导致慢性支气管炎、支气管哮喘、肺气肿,甚至肺癌等。因此,国家将细颗粒物 $PM_{2.5}$ 列入重要的空气质量指标。细颗粒物的自动监测仪器根据测量原理不同分为振荡天平式、β 射线吸收式、光散式和光吸收式四种。

β 射线吸收式自动监测仪(图 8-28)是利用 β 射线与辐射源,β 粒子穿过一定厚度的吸收物质,其强度随吸收层增加而逐渐减弱的现象称 β 射线吸收。

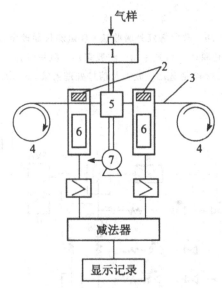

图 8-28 β 射线吸收式细颗粒物测定仪工作原理图
1—切割器;2—β 射线源;3—玻璃纤维滤膜;4—滚筒;
5—集尘器;6—检测器;7—采样泵

光散射式自动监测仪(图 8-29)主要由检测器、光源、光源稳压回路、高压回路、光电积分回路、脉冲回路、运算控制等部分组成。

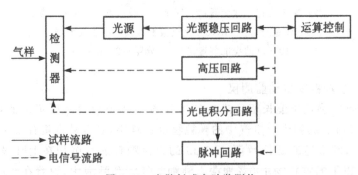

图 8-29 光散射式自动监测仪

光吸收式自动监测仪(图 8-30)主要由 $PM_{10/2.5}$ 捕集装置、滤纸供给装置、光源、光源稳压回路、检测器、运算控制器等部分组成。

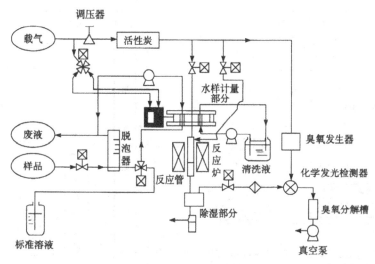

图 8-30　光吸收式自动监测仪

8.1.4　污染源在线监测技术

1. 烟气排放连续监测系统(CEMS)

(1)监测系统构成

固定污染源烟气排放连续监测系统是由烟尘监测子系统、气态污染物监测子系统、烟气排放参数测量子系统、系统控制及数据采集处理子系统等组成,见图 8-31。

　1)气态污染物监测子系统

是监测以气体状态分散在烟气中的污染物,包括 SO_2、NO_2、CO、CO_2等。气态污染物采样探头安装在烟道上,中间由传输管线相连并传送样气至分析仪器。常用的采样方式为抽取法和稀释法,抽取法通过对传输管道加热,解决了采样过程中烟气所含水汽的冷凝问题。稀释法采用洁净的干空气按一定比例来稀释样品,没有水汽冷凝问题,但取样探头复杂,成本高。

SO_2连续监测方法主要有非分散红外吸收法、紫外吸收法、荧光法、定电位电解法。氮氧化物连续监测方法主要有非分散红外吸收法、紫外吸收法、化学发光法、定电位电解法。此外,由于采样方式的不同又分为采样稀释法、直接抽取法和直接测量法。

①采样稀释法。将经过过滤的烟气与稀释气体按一定的比例混合,稀释后的气体送环境空气质量监测的仪器分析。由于紫外荧光法和化学发光法监测的相应气体浓度量程较小,因而在污染源监测中应用该方法

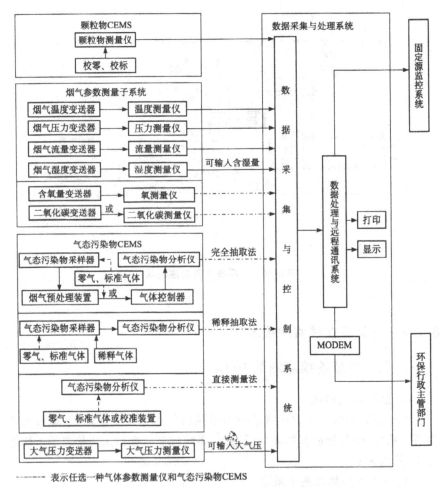

图 8-31　烟气排放连续监测系统示意图

时必须对被测样品气进行稀释,以符合两方法的量程范围。一般稀释比为$(1:100)\sim(1:350)$。

②直接抽取法(完全抽气法)。该法直接抽取烟道气进行连续监测,避免稀释法由于稀释比难以精确控制而带来的误差,提高测量精度。气体分析仪器采用红外吸收、紫外吸收及其他测量原理,使仪器本身的测量范围可覆盖被测气体的所有量程。由于气体传输途中环境温度远远低于采样气体温度,会造成传输管道结露而损失 SO_2、NO_x,并腐蚀管道。因此,配备加热系统,以对采样探头、烟尘过滤器和传输管路加热。当含烟尘气被抽入烟气采样器后,经过滤装置去除烟尘颗粒物,样品气经加热保温的传送管进入第一级气/水分离器,对水气进行粗过滤,对颗粒物进行细过滤;然后对其进行冷凝,冷凝过程中对水进行了分离,然后样品气进入第二级气/水分离器,经

再过滤后,已满足仪器对样品气的要求,进入分析仪。

③直接测量法。直接测量即对被测气体做直接测量而不做任何传输和处理,一般采用光学吸收原理。通常这类仪表选择在红外和紫外波段。采用红外吸收原理进行工作时,气体对红外光束的吸收率和单位长度内气体的浓度成正比,其测量结果代表着整个光路上气体浓度的平均值,测量结果与红外光束通过被测气体的实际光程和被测气体的浓度成正比。如果测量单一组分可采用色散型,但是要测量多个组分就应该用非色散型。

监测污染物浓度的同时,需要对烟气参数进行相应的在线测定,以计算排放率和排放总量。例如测定烟气温度、烟气湿度、烟气静压、环境大气压和烟气流速。烟气流速连续测定的主要方法有皮托管法、超声波法、靶式流量计法和热平衡流量计法。

2)颗粒物(尘)监测子系统

监测的是烟尘污染物,监测方法主要有 β 射线衰减法、电荷转移法、浊度法和后散射法等。

3)烟气参数监测子系统

是监测烟气的温度、湿度、压力、氧气含量、流量等辅助参数,以便将污染物的监测数据换算成标准状态下一定过量空气系数的干烟气数据,其中温度的测量采用热电阻、热电偶或红外方法等;湿度的测量采用电容传感法、红外吸收或双氧法等;流量的测量通过测量流速来计算流量。

组成 CEMS 的设备按照安装布置(图 8-32)可分为烟道现场部分和仪器间部分。烟道现场仪器包括直抽取样探头、烟尘监测仪、烟气温度、压力、湿度、流速仪。仪器间仪器包括烟气预处理装置、分析仪器、工控机、气瓶等。现场仪器和仪器间通过烟气采样伴热管、电缆连接,负责气体、电源和信号的传输。

(2)监测指标

烟气必测的参数项目指标有:烟气温度、烟气流速、烟道截面积、烟气流量、烟气湿度、烟道含氧量。烟道必测的污染物项目指标有:颗粒物、二氧化硫、氮氧化物。通过测量必须计算的参数项目有:污染物排放浓度、污染物排放速率、污染物排放量。烟气自动监测项目与方法见表 8-1。

2. 环境噪声自动监测技术

环境噪声在线自动监测系统包括三部分:前端智能仪表、噪声数据管理中心、噪声数据处理中心,见图 8-33。

环境噪声在线自动监测系统可具有 n 个前端智能仪表($n<10000$),k 个噪声数据管理中心($k<100$),m 个噪声数据处理中心($m<1000$)。

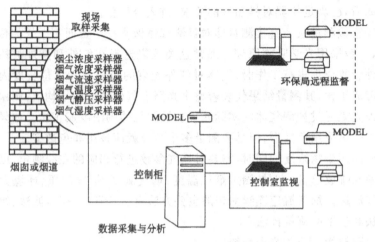

图 8-32　固定污染源 CEMS 配置

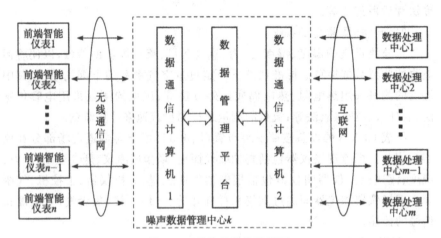

图 8-33　系统的结构示意图

表 8-1　烟气自动监测项目与方法

序号	监测分析项目	监测分析方法
1	烟气温度	热电偶法
2	烟气流速	皮托管法
3	烟气湿度	红外吸收法、测氧法
4	烟道含氧量	氧化锆法、顺磁式氧分析法
5	烟道中颗粒物	浊度法、光散射法
6	一氧化硫	紫外荧光法、非分散红外吸收法
7	氮氧化物	化学发光法、非分散红外吸收法

8.2　遥感监测技术

遥感(Remote Sensing,RS)技术近年来在环境监测(图 8-34)中逐步得到运用。其突出优点是可以对三维空间的环境质量参数进行监测,范围可及任何偏僻的、人难以到达的地面和大气上层空间。卫星遥感技术可用于大气污染扩散规律研究,河流、海洋、湖泊污染现状监测,环境灾害的监测,关于沙漠化、盐渍化、水土流失的动态监测以及植被状态、土地利用现状等生态环境现状的监测。遥感技术的快速发展、分辨率的大大提高,可以从全球的范围全面地、直观地、系统地研究环境各要素的变化规律和相互关系。

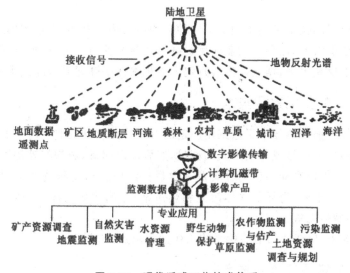

图 8-34　现代遥感工作技术体系

8.2.1　遥感监测方法

1. 摄影遥感技术

摄影遥感的原理是基于目标物或现象对电磁波的反射特性的差异,用感光胶片感光记录就会得到不同颜色或色调的照片。摄影有黑白全色摄影、黑白红外摄影、天然彩色摄影和彩色红外摄影,适用于对土地利用、植物、水体、大气污染状况进行监测。图 8-35 所示为土壤、植物和水体对电磁波的反射能力。

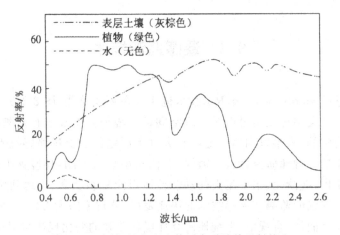

图 8-35　土壤、植物和水体对电磁波的反射能力

摄影遥感技术可用来判定不同种类的污染物。例如,当水中藻类繁生,叶绿素浓度增大时,会导致蓝光反射减弱和绿光反射增强,这种情况会在照相底片上反映出来,据此可大致判定大面积水体中叶绿素浓度发生的变化。

2. 红外扫描遥测技术

红外扫描遥测技术系指采用一定的方式将接收到的监测对象的红外辐射能转换成电信号或其他形式的能量,然后加以测量,获知红外辐射能的波长和强度,借以判断污染物种类及其含量。红外扫描遥测技术可用于观测河流、湖泊、水库、海洋的水体污染和热污染、石油污染情况,森林火灾和病虫害,环境生态等。

图 8-36 为红外扫描遥感系统工作过程示意图。

3. 光谱遥感监测技术

光谱遥感技术以其大范围、多组分检测、实时快速的监测方式,使其具有其他方法不可比拟的优点,在环境遥感监测中得到广泛的应用。图 8-37 是相关光谱分析仪组成示意图。

光谱遥感监测技术包括差分吸收光谱技术(DOAS)、傅里叶变换红外吸收光谱技术(FTIR)等。

采用 DOAS 技术不仅可以监测工业厂区泄漏溢出的污染物,在区域背景监测、道路和机场空气质量监测方面也有较广的应用。

采用 FTIR 技术可获得污染物许多化学成分的光谱信息。常用于测量和鉴别污染严重的空气成分、有机物或酸类。

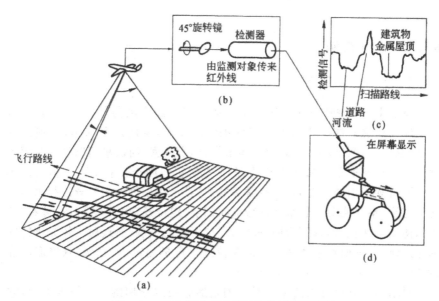

图 8-36 红外扫描遥感系统工作过程示意图

(a)扫描过程;(b)红外扫描仪(示意);(c)检测器输出(沿飞行线);(d)照相记录

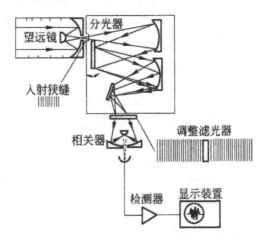

图 8-37 相关光谱分析仪组成示意图

4. 激光雷达遥测技术

激光雷达遥感监测环境污染物质是利用测定激光与检测对象作用后发生散射、反射、吸收等现象来实现的,可分为米氏散射,拉曼散射,激光荧光技术等。激光雷达遥测技术具有灵敏度高、分辨率好、分析速度快等优点。

8.2.2 遥感实例

1. 水质污染遥感技术

基于 RS 光谱特性的水体信息自动提取已经在国内外得到应用,它包括水体及遥感监测。我国由于气候条件的差异,东南部降水丰沛、河流众多、水系庞大,西北和藏北高原气候干旱、蒸发旺盛,河流呈间歇性。利用遥感来探测不同季节的水系状况,较之人工的实地勘查具有不可比拟的优越性。同时利用水温的差异、泥沙含量的差异、水化学特性的差异进行水体的遥感监测,不仅能对地表水体进行空间识别、定位及定量计算面积、体积,模拟水体动态变化,而且随着遥感基础理论研究的进展,通过对水体光谱特性的深入研究,进而对水体属性特征参数进行定量测定,如水深、悬浮泥沙浓度、叶绿素含量及污染状况的监测。

对水体污染进行大范围实时监测是遥感技术应用的一个重要方面,它主要应用热红外扫描遥感技术,应用热红外扫描仪等进行航空遥感监测水质污染状况是由于未污染的水与被污染的水两者的比辐射率不同,因而即使它们在相同的温度下辐射温度也不相同,从其辐射温度的差值显示污染分布情况。应用实例有:海洋赤潮监测、湖泊水质监测、河流无机物污染监测、海洋石油泄漏污染监测等。

2. 城市生态环境遥感技术

随着对城市环境和生态保护的深入发展,面对区域广阔的宏观环境,遥感监测技术就是获取大范围、综合性、同步信息方面的先进的最佳手段。它能通过图像上的信息,详细、全面、客观地反映城市地面景物的形态、结构、空间关系和特征,对城市环境和生态监测与研究大有潜力。应用实例有:空气污染状况监测、城市绿化动态监测、土地利用动态变化等。图 8-38 所示为区域生态环境遥感监测应用领域。

3. 全球环境变化遥感技术

全球环境变化是目前全人类最为关注的焦点,也是遥感监测技术应用的重点领域。其监测实例有:气象预报、土地沙漠化、土地盐碱化、土壤湿度、地表辐射温度、海洋叶绿素、水体面积变化、臭氧层破坏等。

4. 利用卫星遥感信息技术开展环境灾害监测

如在 NOAA 卫星(美国第三代极轨业务气象卫星)AVHRR 图像上对水体进行特征分析,成功地用于水灾的监测。用 Land-sat TM 和 MSS 具

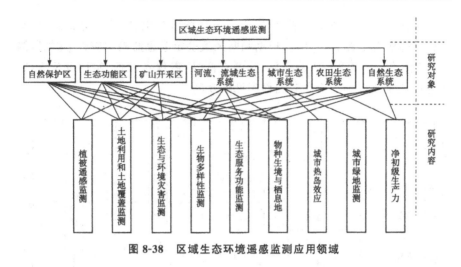

图 8-38　区域生态环境遥感监测应用领域

有的高空间分辨率和多光谱特性,用于洪水本底水体的提取或淹没区土地类型的提取。

8.2.3　"4S"技术拓展环境遥感技术的发展

"4S"技术是将环境污染遥感监测技术(RS)、地理信息系统(GIS)、全球定位系统(GPS)、专家系统(ES)进行技术集成。

遥感为地理信息系统提供自然环境信息,为地理现象的空间分析提供定位、定性和定量的空间动态数据;地理信息系统为遥感影像处理提供辅助,用于图像处理时的几何配准和辐射订正等。在环境模拟分析中,遥感与地理信息系统的结合可实现环境分析结果的可视化;全球定位系统为遥感对地观测信息提供实时或准实时的定位信息和地面高程模型;专家系统大大提高环境遥感监测的科学性、合理性及智能化程度。"4S"技术使遥感技术的综合应用的深度和广度不断扩展,为生态研究、资源开发、环境保护以及区域经济发展提供科学数据和信息服务。

8.3　应急监测技术

8.3.1　应急监测的程序

接到突发性污染事故应急监测指令后,应立即启动应急监测预案,根据已经掌握的污染事故发生情况,快速组织现场监测组、实验室分析组、后勤通信保障组等监测人员到位,根据判断大致确定应急监测响应方案,如监测内容(水、气、土壤等)、监测项目、监测点位、所需仪器设备、防护设备等,并迅速赶往事故现场。应急监测程序见图8-39。

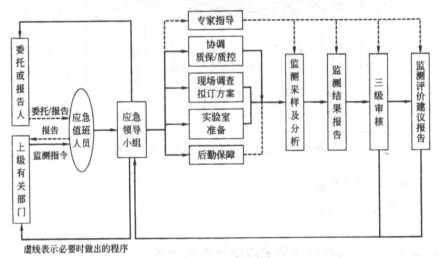

图 8-39   应急监测程序图

应急响应系统包括:应急响应程序、应急组织系统(图 8-40)、应急通信系统、应急防护和救援(图 8-41)、应急预案和应急状态终止六个部分。

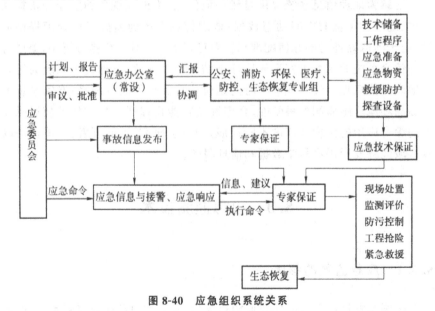

图 8-40   应急组织系统关系

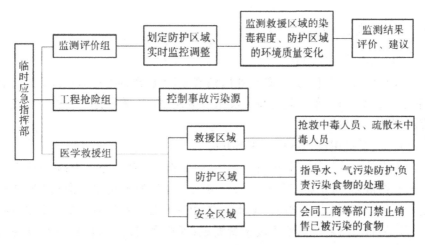

图 8-41　应急防护和救援程序

到突发污染事故现场后对未知污染物种类的应急监测程序,应按"一闻二看三摸四查五验"的程序进行。

1. 现场判断

(1)从气味判断

各种毒物都有其特殊的气味,尤其是易挥发的毒物,一旦发生化学泄漏事故后,在泄漏地域或下风方向,可嗅到毒物散发出的特殊气味,可初步判断是有机的还是无机的。

(2)从水性判断

用 pH 试带检测染毒空气或水中的毒物性质,大致判断出待测物可能属于哪一类化学毒物。

(3)从人畜受害中毒症状判断

由于各种毒物所产生的毒害作用不同,根据人员或动物中毒之后所表现的特殊症状,可以判断毒物的大致种类。

(4)从染毒症候判断

由于各种化合毒物其理化性质存在较大的差异,故发生化学事故后产生的症候各有差别。

(5)从危险源查明可能的毒物

在事故发生地,可根据平时掌握的该地区危险源资料以及当事人提供的背景资料,准确判断出毒物的种类和名称。

2. 实地监测

(1)正确选择监测点

在检测染毒气体时,一是要通风检测,二是选择毒物的飘移云团经过的路径,三是对掩体、低洼地等位置实施快速检测。在检测地面毒物时要找到存在明显毒物的地域。

(2)灵活选用监测器材和速测方法

如事故危险区无明显的有毒液体,则要重点检测气态毒物;如发现有明显的有毒液体,可实施多手段同时检测。有条件的可使用便携式 FYIR 测定特征因子,现场定性判断污染物种类,并用仪器内存谱库至少做出定量判断。用便携式气相色谱法现场定量测定;气体直接进样,水样、固体样使用顶空法。

(3)综合分析,现场评估

综合分析是将判断过程中得到的各种情况及使用检测器材的情况,结合平时工作中积累的经验加以系统分析得出正确的结论以便及时、正确地处理、处置。

3. 实验室分析

为了进一步对事故原因、后果进行分析和制定恢复措施,对危害较大的污染事件,在现场检测的同时进行现场取样迅速送达实验室分析,其主要工作程序如图 8-42 所示。

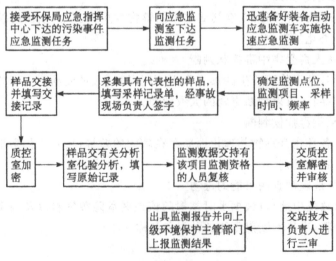

图 8-42　实验室分析工作流程

8.3.2 有毒化学品的污染事故的应急监测和处理处置办法

常见的有毒化学品的污染事故的应急监测和处理处置办法见表 8-2。

表 8-2 部分有毒化学品的污染事故的应急监测和处理处置办法

名称	污染源	中毒现象	应急监测技术	处置办法
汞	汞矿的冶炼、电镀、化工及矿物燃料的燃烧	汞及其化合物有强烈毒性，中毒时会出现口腔炎、食道和胃黏膜坏死。烷基汞毒性更大	常用的方法有检气管法和便携式的阳极溶出法	在污水中加入苛性碱，再加入硫化钠或硫化钾，鼓气搅拌，生成硫化汞沉淀。汞可撒硫磺粉遮盖，使生成硫化汞
铬	电镀、皮革、印染、铬矿石加工	六价铬主要是慢性毒害。易积存于肺部，引起鼻炎、咽喉炎	Cr^{6+} 污染的水呈黄色。可用试纸法、比色法	硫酸亚铁-石灰法、离子交换法和铁氧体法，前两种方法应用较普遍
铅	矿山开采、冶炼、染料、印刷及橡胶生产、铅玻璃等	贫血、铅绞痛、铅中毒性肝炎、神经衰弱、严重者可致铅性脑病	水体中 2～4mg/L 时水即呈浑浊，可采用速测管法、分光光度法、阳极溶出伏安法	对于四氯化铅、高氯酸铅用干砂土混合后再处理。皮肤沾染用肥皂水冲洗，水体污染，可投加石灰乳至 pH 到 7.5，使成氢氧化铅沉淀
镉	印染、农药、陶瓷、摄影、矿石开采、冶炼等行业	人的急性中毒出现头痛、头晕、呼吸困难、腹泻等，可致产生肺损伤，出现急性肺水肿和肺气肿，以及肾皮质坏死	有分光光度法、阳极溶出伏安法	用湿砂土混合后将污染物深埋或收集后处理。污染地面用肥皂或洗涤剂刷洗。水体受污染时，可采用加入碳酸钠、氢氧化钠或石灰和硫化钠的方法使镉形成沉淀
氰化物	电镀、煤气、焦化、炼金、制革、苯、甲苯、二甲苯、照相及农药等生产过程	轻者有黏膜刺激、唇舌麻木、头痛眩晕、恶心、呕吐、心悸、气喘等；重者呼吸不规则，逐渐昏迷、痉挛、大小便失禁、迅速发生呼吸障碍而死亡	化学试剂检测组法测氰化氢时，氰化氢采用浊度法比色，其他氰化物采用吡啶-比唑啉酮法比色，标准色阶为比色盘	戴好防毒面具和手套，污染物、废水加次氯酸钠或漂白粉，放置 24h，确认氰化物全部分解，稀释后放入废水系统

名称	污染源	中毒现象	应急监测技术	处置办法
镍	电镀、电子、金属加工等行业	初期症状：头晕、恶心、呕吐、胸闷；后期症状：高烧、呼吸困难、胸部疼痛等。最终出现肺水肿、呼吸道衰竭而致死	试纸法对重度污染的水质监测很方便，另外还有速测管法、分光光度法	戴好防毒面具等，用不燃烧分散剂制成乳液刷洗。如无分散剂可用砂土吸收，倒至空地掩埋。被污染地面用肥皂或洗涤剂刷洗，经稀释后排放废水系统
砷化物	矿渣、染料、制革、制药、农药等废渣、废水泄露、火灾等	经消化道进入人体：症状为四肢无力、肌肉萎缩、出现消化不良；急性中毒：持续性呕吐、剧烈头痛等、因心力衰竭或闭尿而死	有检测管法、分光光度法和阳极溶出伏安法	戴好防毒面具，用湿砂土与泄漏物混合后深埋，同时用1:50碱水或肥皂水洗涤污染区，污水排入废水系统进行处理
硫化物	焦化、选矿、造纸、印染和制革等工业废水	恶心呕吐、呼吸困难，长期饮用含硫化物较高的水会造成味觉迟钝，食欲减退，直至衰竭死亡	现场监测采用的方法有：试纸法、检测管法、分光光度法和化学试剂检测组法等	多数为碱性的硫化物废水，可用中和法，但应注意生成硫化氢气体污染。氧化法：加入铁或硫酸铁、氯化铁等，曝气2h后产生硫化铁沉淀
苯、甲苯、二甲苯等	工业有机合成、油漆、染料合成纤维、制药等行业，在贮存、运输过程泄漏	各种苯类物质毒性不同，但中毒症状基本为眼红、流泪、皮肤红痒、头痛、恶心、麻醉等	根据其特有芳香味、可初步判断；有检气管法、气相色谱法	应立即切断火源，工作人员戴防毒面具等，泄漏周围用砂土阻拦；污染土壤收集后转移到空地挥发
三氯甲烷	有机合成、医药、杀虫剂、合成纤维等行业	灼伤皮肤、有较强的麻醉性，可致死；燃烧会产生更毒的光气（二氯化碳酯）	无色透明液体、具有强烈的芳香味；有检气管法、气相色谱法	用砂土阻断其流向，用土壤覆盖、处理中不要用铁器。对土壤可加水加热使之生成甲酸、一氧化碳和盐酸；加浓碱液可生成氯化钠、一氧化碳，尽量在避光下处置

8.3.3　有毒气体突发污染事故应急监测

常见有毒气体污染事故的应急监测和处置方法如表 8-3 所示。

表 8-3　部分有毒气体污染的应急监测和处置方法

名称	污染源	中毒现象	应急监测技术	处置办法
一氧化碳	炼焦、炼钢铁、矿井、合成氨、甲醇、石墨电极制造及碳不完全燃烧	轻度：头痛、恶心、心悸、四肢无力；中度：皮肤黏膜樱桃红、意识模糊；重度：强直性痉挛、昏迷	定电位电解式、库伦检测式、五氧化二碘仪、红外线、硫酸钯-钼酸铵检气管法	戴防毒面具，中毒者应转移至新鲜空气处，呼吸衰竭或停止者，立即采取人工呼吸措施
磷化氢	制镁粉、赤磷、磷化锌遇酸分解时	浓度大于 10mg/m³ 开始中毒，头晕、恶心、胸闷等，严重者有中毒性精神症状、脑水肿、肺水肿、休克等	常用硝酸银检测管法、用硅胶吸附硝酸银，遇磷化氢后，硝酸银与磷化氢生成黑色磷化银，根据长度定量	中毒时应对症治疗并给保肝药物，预防与及时处理脑水肿、肺水肿。有心率不齐者，可试用阿托品
硫化氢	焦化、含硫石油开采、橡胶、制革、染料及清除垃圾、鱼仓、粪便作业中产生	浓度低时，对呼吸道及眼的局部刺激作用越明显；浓度高时，一般症状为头痛、恶心、咳嗽、排尿困难，严重时昏迷，呼吸困难致死	醋酸铅指示纸法：醋酸铅与硫化氢生成褐色以至黑色硫化铅沉淀，醋酸铅检气管法、库仑法测定。还有便携式气体检测仪测定	接触高浓度硫化氢场合应戴好防毒面具，急性中毒者应转移至新鲜空气处，窒息者应立即人工呼吸，眼睛损害立即用清水或 2% 碳酸氢钠冲洗，再用 4% 硼酸水洗眼并滴入灭菌橄榄油
二硫化碳	黏胶、玻璃纸、硫化橡胶的轧制等行业	酒醉样、眩晕、四肢软弱、重度中毒先呈强烈兴奋、后出现意识失控、痉挛、昏迷、死亡	常用乙酸铜指示液快速分析测定：二硫化碳被含有醋酸铜的二乙胺酒精溶液吸收，产生红色，用标准色阶比色定量	中毒者应转移至新鲜空气处，轻症者多饮茶水，必要时用高渗葡萄糖静脉注射，重症者给甘露醇或山梨醇等药物

续表

名称	污染源	中毒现象	应急监测技术	处置办法
氨	合成氨、石油精炼、氨肥工业、油漆、塑料、树脂、医药等行业	轻度:咽喉炎、咳痰、咯血;重度:喉头水肿、呼吸道黏膜脱落、引起窒息	便携式氨气敏电极:通过玻璃电极测定的 pH 间接反应其浓度,还有溴酚蓝检气管法,根据颜色定量	将中毒者应转移至新鲜空气处,皮肤灼伤处用大量水冲洗,再用硼酸液洗涤
氯气	氯碱工业、用于冶金、造纸、纺织、染料、制药、自来水厂等	轻度:眼结膜辛辣流泪、咽痛;中度:持续性呛咳、四肢无力、腹痛;重度:肺水肿、昏迷、休克	定电位电解式、联苯胺指示纸法、荧光黄检气管法:氨与用荧光黄、溴化钾溶液处理过的指示剂反应生产红色,进而定量	用石灰、氢氧化钠作吸收液;将中毒者应转移至新鲜空气处,保暖,皮肤灼伤处用水冲洗
氰化氢	电镀、采矿、制造硝基丙烯酸、己二胺及腈类的工厂	初闻氰化氢时有刺激作用,口内有苦杏仁味,口舌发麻、头痛、胸闷、意志消失以至全身麻痹、死亡	甲基橙检气管:氰化氢蒸气与氯化汞、甲基橙处理过的硅胶作用生产粉红色,根据长度定量;联苯胺检气管法:氰化氢蒸气与经联苯胺、醋酸铜处理过的指示剂反应生成蓝色,根据长度定量	口服中毒:用0.2%高锰酸钾或5%硫代硫酸钠洗胃;皮肤或眼睛污染,用清水冲洗,灼伤用0.01%高锰酸钾冲洗;注射25%~50%硫代硫酸钠50mL,静脉输入高渗葡萄糖,初步急救后送医院治疗
氟化氢	氟利昂冷冻剂、玻璃陶瓷腐蚀等	接触此气体25mg/m³以上会感到刺激以至黏膜溃疡,低浓度皮肤接触12h后有疼痛感;高浓度时,皮肤由潮红到暗红干燥到苍白坏死	溴酚蓝检气管法:氟化氢与吸附溴酚蓝指示粉作用生成黄色,按长度定浓度;对二甲胺基偶氮苯肿酸指示纸法:氟化氢与之反应由棕色变红色;另还有茜素磺酸铁指示液法	按酸性刺激性气体处置,用2%~4%碳酸氢钠洗患处,用水冲洗15~30min

续表

名称	污染源	中毒现象	应急监测技术	处置办法
氰氢化氢	氯碱厂及使用氰化氢作为原料的化工、冶金染料、皮革、纺织等	有刺激味,中毒者头痛、恶心、咽喉痛、呼吸困难,有的可能咯血	按酸的性质,用pH试剂或检气管法测定	用石灰或氢氧化钠吸收,中毒者应立即转移至新鲜空气处静卧,注意保暖,灼伤者用水或淡的硫酸氢钠液冲洗

8.3.4 环境应急监测信息化系统建设

环境应急监测信息化系统建设工作,是提升环境应急监测工作的重要手段,通过信息化系统的建设,可以大幅度地提升在应急污染事故处理处置过程中的技术支持能力,更好地体现快速、科学、准确的特征。因此,在环境应急监测能力建设过程中,除应加强硬件能力建设外,还应该注重应急监测信息化平台的构建。

环境应急监测信息化系统构架见图 8-43。

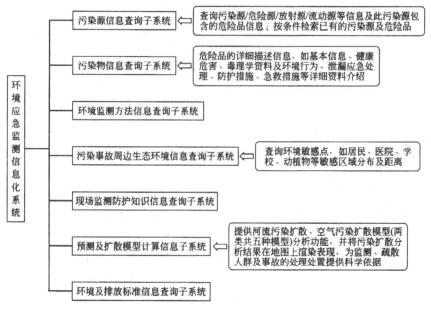

图 8-43 环境应急监测信息化系统构架图

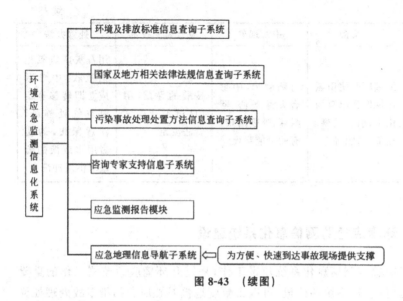

图 8-43　（续图）

参考文献

[1] 王凯雄,童裳伦. 环境监测[M]. 北京:化学工业出版社,2011.

[2] 吴邦灿,费龙. 现代环境监测技术[M].3 版. 北京:中国环境出版社,2014.

[3] 奚旦立,孙裕生. 环境监测[M].4 版. 北京:高等教育出版社,2010.

[4] 李志霞. 环境监测[M].2 版. 大连:大连理工出版社,2010.

[5] 陈玲,赵建夫. 环境监测[M].2 版. 北京:化学工业出版社,2014.

[6] 王鹏. 环境监测[M]. 北京:中国建筑工业出版社,2010.

[7] 李花粉,隋方功. 环境监测[M]. 北京:中国农业大学出版社,2011.

[8] 李光浩. 环境监测[M]. 北京:化学工业出版社,2012.

[9] 崔树军. 环境监测[M]. 北京:中国环境出版社,2014.

[10] 张欣. 环境监测[M]. 北京:化学工业出版社,2014.

[11] 王海芳. 环境监测[M]. 北京:国防工业出版社,2014

[12] 段凤魁. 环境监测[M]. 北京:中国环境出版社,2014.

[13] 俞继梅. 环境监测技术[M]. 北京:化学工业出版社,2014.

[14] 王英健,杨永红. 环境监测[M].3 版. 北京:化学工业出版社,2015.

[15] 李党生,付翠彦. 环境监测[M]. 北京:化学工业出版社,2017.

[16] 王怀宇. 环境监测[M].2 版. 北京:高等教育出版社,2014.

[17] 税永红,吴国旭. 环境监测技术[M]. 北京:科学出版社,2009.

[18] 李弘. 环境监测技术[M]. 北京:化学工业出版社,2014.

[19] 姚运先. 环境监测技术[M].2 版. 北京:化学工业出版社,2008.

[20] 孙春宝. 环境监测原理与技术[M]. 北京:机械工业出版社,2007.

[21] 张晓辉. 环境监测技术[M]. 北京:化学工业出版社,2011.

[22] 严文瑶,戴竹青,柴育红,等. 环境监测与影响评价技术[M]. 北京:中国石化出版社,2013.

[23] 曾爱斌. 环境监测技术与实训[M]. 北京:中国人民大学出版社,2014.

[24] 季宏祥. 环境监测技术[M]. 北京:化学工业出版社,2012.

[25] 张淑兰,张海军,王彦辉,等. 泾河流域上游景观尺度植被类型对水文

过程的影响[J]. 地理科学,2015,35(2):231-237.

[26] 张淑兰,肖洋,张海军,等. 丰林自然保护区 3 种典型森林类型对降雪、积融雪过程的影响[J]. 水土保持学报,2015,29(4):37-41.

[27] 张淑兰,于澎涛,张海军,等. 气候变化对干旱缺水区中尺度流域水文过程的影响[J]. 干旱区资源与环境,2013,27(10):70-74.

[28] 张淑兰,张海军,张武,等. 小兴安岭南麓典型森林类型的土壤水文功能研究[J]. 水土保持研究,2015,22(1):140-145.

[29] 张淑兰,张海军,张武,等. 小兴安岭不同森林类型的枯落物储量及其持水特性比较[J]. 水土保持通报,2015,35(4):85-90.

[30] 张淑兰,于澎涛,王彦辉,等. 泾河上游流域实际蒸散量及其各分量估算[J]. 地理学报,2011,66(3):385-395.

[31] 张淑兰,王彦辉,于澎涛,等. 泾河流域近 50 年来的径流时空变化与驱动力分析[J]. 地理科学,2011,31(6):721-727.

[32] 张淑兰,王彦辉,于澎涛,等. 人类活动对泾河流域径流时空变化的影响[J]. 干旱区资源与环境,2011,25(6):66-72.

[33] 张淑兰,王彦辉,于澎涛,等. 定量区分人类活动和降水量变化对泾河上游径流变化的影响[J]. 水土保持学报,2010,24(4):53-58.

[34] 张淑兰,于澎涛,张海军,等. 泾河流域上游土石山区和黄土区森林覆盖率变化的水文影响模拟[J]. 生态学报,2015,35(4):1068-1078.